职业技术教育课程改革规划教材

光电技术应用技能训练系列教材

激光焊接知识与技能训练

JI GUANG HANJIE ZHISHI YU JINENG XUNLIAN

主　编　陈毕双　王　瑾

副主编　谭小军　蔡志祥　付　秀　刘　俊

参　编　周　刚　麻小宇　张孟雄　宋　洋

主　审　唐霞辉

U0278854

华中科技大学出版社

http://www.hustp.com

中国·武汉

内 容 简 介

本书在讲述激光技术基本理论和测试方法的基础上,通过完成具体的技能训练项目来实现掌握激光焊接基础理论知识和职业岗位专业技能的教学目标,每个技能训练项目由一个或几个不同的训练任务组成,主要包括激光焊接机基本操作技能训练、激光焊接示教编程技能训练、激光焊接材料加工技能训练、激光焊接典型产品实战技能训练。

本书可作为大专院校、职业技术院校光电类专业的激光加工类理论知识和技能训练一体化课程教材,也可作为激光设备制造及应用行业企业员工的培训教材。

图书在版编目(CIP)数据

激光焊接知识与技能训练/陈毕双,王瑾主编.—武汉:华中科技大学出版社,2018.9(2025.2 重印)
职业技术教育课程改革规划教材.光电技术应用技能训练系列教材
ISBN 978-7-5680-4629-9

Ⅰ.①激⋯　Ⅱ.①陈⋯　②王⋯　Ⅲ.①激光焊-焊接工艺-职业教育-教材　Ⅳ.①TG456.7

中国版本图书馆 CIP 数据核字(2018)第 224319 号

激光焊接知识与技能训练　　　　　　　　　　　　　　　陈毕双　王　瑾　主编
Jiguang Hanjie Zhishi yu Jineng Xunlian

策划编辑:王红梅
责任编辑:王红梅
封面设计:秦　茹
责任校对:刘　竣
责任监印:赵　月
出版发行:华中科技大学出版社(中国·武汉)　　　电话:(027)81321913
　　　　　武汉市东湖新技术开发区华工科技园　　　邮编:430223
录　　排:武汉市洪山区佳年华文印部
印　　刷:武汉开心印印刷有限公司
开　　本:787mm×1092mm　1/16
印　　张:8.5
字　　数:202 千字
版　　次:2025 年 2 月第 1 版第 3 次印刷
定　　价:28.80 元

职业技术教育课程改革规划教材——光电技术应用技能训练系列教材

编审委员会

序　言

　　激光及光电技术在国民经济的各个领域的应用越来越广泛,中国激光及光电产业在近十年得到了飞速发展,成为我国高新技术产业发展的典范。2017 年,激光及光电行业从业人数超过 10 万人,其中绝大部分员工从事激光及光电设备制造、使用、维修及服务等岗位的工作。对这些从业人员来说,他们需要掌握光学、机械、电气、控制等多方面的专业知识,需要具备综合、熟练的专业技术技能。但是,激光及光电产业技术技能型人才培养的规模和速度与人才市场的需求相去甚远,这个问题引起了教育界,尤其是职业教育界的广泛关注。为此,中国光学学会激光加工专业委员会在 2017 年 7 月 28 日成立了中国光学学会激光加工专业委员会职业教育工作小组,希望通过这样一个平台将激光及光电行业的企业与职业院校紧密对接,为我国激光和光电产业技术技能型人才的培养提供重要的支撑。

　　我高兴地看到,职业教育工作小组成立以后,各成员单位围绕服务激光及光电产业对技术技能型人才培养的要求,加大教学改革力度,在总结、整理普通理实一体化教学的基础上,开始构建以激光及光电产业职业活动为导向、以校企合作为基础、以综合职业能力培养为核心,将理论教学与技能操作融会贯通的一体化课程体系,新的教学体系有效提高了技术技能型人才培养的质量。华中科技大学出版社组织国内开设激光及光电专业的职业院校的专家、学者,与国内知名激光及光电企业的技术专家合作,共同编写了这套职业技术教育课程改革规划教材——光电技术应用技能训练系列教材,为构建这种一体化课程体系提供了一个很好的典型案例。

　　我还高兴地看到,这套教材的编者,既有职业教育阅历丰富的职业院校老师,还有很多来自激光和光电行业龙头企业的技术专家及一线工程师,他们把自己丰富的行业经历融入这套教材里,使教材能更准确体现"以职业能力为培养目标,以具体工作任务为学习载体,按照工作过程和学习者自主学习要求设计和安排教学活动、学习活动"的一体化教学理念。所以,这套打着激光和光电行业龙头企业烙印的教材,首先呈现了结构清晰完整的实际工作过程,系统地介绍了工作过程相关知识,具体解决了做什么、怎么做的工作问题,同时又基于学生的学习过程设计了体系化的学习规范,具体解决学什么、怎么学、为什么这么做、如何做得更好的问题。

　　一体化课程体现了理论教学和实践教学融通合一、专业学习和工作实践学做合一、能力培养和工作岗位对接合一的特征,是职业教育专业和课程改革的亮点,也是一项十分辛苦的工作,我代表中国光学学会激光加工专业委员会对这套教材的出版表示衷心祝贺,希望有更多的此类教材问世,全方位满足激光及光电产业对技术技能型人才的要求,同时也希望本套丛书的编者们悉心总结教材编写经验,争取使之成为广受读者欢迎的精品教材。

中国光学学会激光加工专业委员会主任

二○一八年七月二十八日

前　　言

自 1960 年世界上第一台激光器诞生以来,激光技术不仅应用于科学技术研究的各个前沿领域,而且已经在工业、农业、军事、天文和日常生活中获得了广泛应用,初步形成了较为完善的激光技术应用产业链条。

激光技术应用产业是利用激光技术并以它为核心生成各类零件、组件、设备以及各类激光应用市场的总和,其上游主要为激光材料及元器件制造产业,中游为各类激光器及其配套设备制造产业,下游为各类激光设备制造和激光设备应用产业。其中,激光技术应用中、下游产业需求员工最多,主要就业岗位体现在激光设备制造、使用、维修及服务全过程,需要从业者掌握光学、机械、电气、控制等多方面的专业知识,具备综合熟练的专业技能。

为满足激光技术应用产业对员工的需求,国内各职业院校相继开办了光电子技术、激光加工技术、特种加工技术、激光技术应用等新兴专业来培养掌握激光技术的技能型人才。由于受我国高等教育主要按学科分类进行教学的惯性影响,激光技术应用产业链条中需要的知识和技能训练分散在各门学科的教学之中,专业课程建设和教材建设远远不能适应激光技术应用产业的职业岗位要求。

鉴于此,国内一部分开设了激光技术专业或课程的职业院校与国内一流激光设备制造和应用企业紧密合作,以企业真实工作任务和工作过程(即资讯—决策—计划—实施—检验—评价六个步骤)为导向,兼顾专业课程的教学过程组织要求进行了一体化专业课程改革,开发了专业核心课程,编写了专业系列教材并进行了教学实施。校企双方一致认为,现阶段激光技术应用专业应该根据办学条件开设激光设备安装调试和激光加工两大类核心课程,并通过一体化专业课程学习专业知识、掌握专业技能,为满足将来的职业岗位需求打下基础。

本书就是上述激光加工类核心课程中的一体化课程教材之一,具体来说,就是以常见激光焊接材料及典型产品焊接实战技能训练过程为学习载体,使学生掌握焊接机基本操作知识和技能,掌握激光焊接软件应用知识与技能、激光焊接材料分类知识与焊接技能以及激光焊接典型产品知识与技能,使学生能够基本胜任激光焊接岗位工作任务。

本书主要通过在讲述理论知识的基础上完成技能训练项目任务来实现教学目标,每个技能训练项目由一个或几个不同的训练任务组成,主要有以下四个技能训练项目。

项目一:激光焊接机基本操作技能训练。

项目二:激光焊接示教编程技能训练。

项目三:激光焊接材料加工技能训练。

项目四:激光焊接典型产品实战技能训练。

由于以真实技能训练项目代替了大部分纯理论推导过程,本书特别适合作为职业院校激光技术应用相关专业的一体化课程教材,也可作为激光焊接机生产制造企业和用户的员工培训教材,同时适合作为激光设备制造和激光设备应用领域相关工程技术人员的自学教材。

本书各章节的内容安排由主编和副主编集体讨论形成,第 1 章、第 2 章、第 4 章第 1 节由深圳技师学院陈毕双执笔编写,第 3 章第 1 节、第 5 章第 4 节由大族激光科技有限公司王瑾执笔编写,第 3 章第 2 节、第 4 章第 3、4 节、第 5 章第 1、2、3 节由深圳技师学院谭小军执笔编写、第 4 章第 2 节由江苏省宿城中等专业学校付秀执笔编写、第 4 章第 5 节由武汉因泰莱激光科技有限公司蔡志祥执笔编写,第 4 章第 6 节由深圳铭镭激光科技有限公司刘俊编写。武汉楚天激光科技有限公司周刚、深圳华天世纪激光科技有限公司麻小宇、深圳杰普特光电科技有限公司张孟雄和河北省廊坊三河市职业技术教育中心宋洋提供了大量的原始资料及编写建议,深圳技师学院激光技术应用专业教研室的全体老师和许多同学参与了资料的收集整理工作,全书由陈毕双统稿。

中国光学学会激光加工专业委员会、广东省激光行业协会和深圳市激光智能制造行业协会的各位领导和专家学者一直关注这套技能训练教材的出版工作,华中科技大学出版社的领导和编辑们为此书的出版做了大量组织工作,在此一并感谢。

本书在编写过程中参阅了一些专业著作、文献和企业的设备说明书,谨向其作者表示诚挚的谢意。

本书承蒙华中科技大学光电学院唐霞辉教授仔细审阅,并提出了许多宝贵意见,在此深表感谢。

限于编者的水平和经验,本书还存在错误和不妥之处,希望广大读者批评指正。

编　者

2018 年 8 月

目 录

激光与激光焊接基础知识

1.1 激光概述

1.1.1 激光光束产生

1. 光的产生

1）物质的组成

世界上能看到的任何宏观物质都是由原子、分子、离子等微观粒子构成的。其中,分子是原子通过共价键结合形成的,离子是原子通过离子键结合形成的。所以,归根结底,物质是由原子构成的,如图 1-1 所示。

2）原子的结构

原子是由居于原子中心的带正电的原子核和核外带负电的电子构成的,如图 1-2 所示。

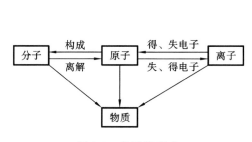

图 1-1　物质的组成

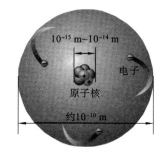

图 1-2　原子的结构

根据量子理论,同一个原子内的电子在不连续的轨道上运动,并且可以在不同的轨道上运动,如同一辆车在高速公路上可以开得快、在市(区)里就开得慢一样。

在如图 1-3 所示的波尔的原子模型中,电子分别可以有 $n=1$、$n=2$、$n=3$ 三条轨道,原子对应的不同轨道有三个不同的能级。

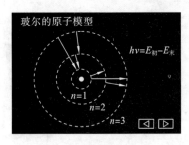

图 1-3　波尔的原子模型

当 $n=1$ 时,电子与原子核之间距离最小,原子处于低能级的稳定状态,又称基态。

当 $n>1$ 时,电子与原子核之间距离变大,原子跃迁到高能级的非稳定状态,又称激发态。

3）原子的发光

激发态的原子不会长时间停留在高能级上,它会自发地向低能级的基态跃迁,并释放出它的多余的能量。

如果原子是以光子的形式释放能量,这种跃迁称为自发辐射跃迁,此时宏观上可以看到物质正在以特定频率发光,其频率由发生跃迁的两个能级的能量差决定:

$$\nu=(E_2-E_1)/h \tag{1-1}$$

式中:h 为普朗克常数,6.626×10^{-34} J·s;ν 为光的频率(单位为 s^{-1})。

自发辐射跃迁是除激光以外的其他光源的发光方式,它是随机跃迁过程,发出的光在相位、偏振态和传播方向上都彼此无关。

由此可以看出,物质发光的本质是物质的原子、分子或离子处于较高的激发状态时,从较高能级向较低能级跃迁,并自发地把过多的能量以光子的形式发射出来的结果,如图 1-4 所示。

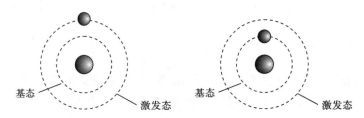

图 1-4　物质发光的本质

2. 光的特性

1）波粒二象性

光是频率极高的电磁波,具有物理概念中波和粒子的一般特性,简称具有波粒二象性。光的波动性和粒子性是光的本性在不同条件下表现出来的两个侧面。

(1)电磁波谱:把电磁波按波长或频率的次序排列成谱,称为电磁波谱,如图 1-5 所示。

(2)可见光谱:可见光是一种能引起视觉的电磁波,其波长范围为 380 nm～780 nm,频率范围为 $3.9\times10^{14}\sim7.5\times10^{14}$ Hz。

(3)光在不同介质中传播时,频率不变,波长和传播速度变小。

$$u=\frac{c}{n}, \quad \lambda=\frac{\lambda_0}{n} \tag{1-2}$$

式中:u 为光在不同介质中的传播速度;c 为光在真空中的传播速度;λ 为光在不同介质中的波长;λ_0 为光在真空中的波长;n 为光在不同介质中的折射率。

2）光的波动性体现

光在传播过程中主要表现出光的波动性,我们可以通过光的直线传播定律、反射定律、

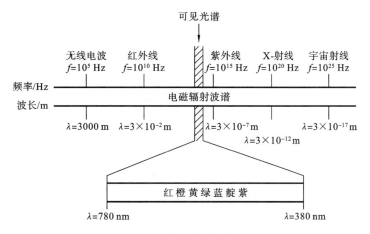

图 1-5 电磁波谱示意图

折射定律、独立传播定律、光路可逆原理等证明光在传播过程中表现出的波动性。

光在低频或长波区波动性比较显著,利用电磁振荡耦合检测方法可以得到输入信号的振幅和相位。

3）光的粒子性体现

光在与物质相互作用的过程中主要表现出光的粒子性。

光的粒子性就是说光是以光速运动着的粒子（光子）流,一束频率为 ν 的光由能量相同的光子所组成,每个光子的能量为

$$E = h\nu \tag{1-3}$$

式中:h 为普朗克常数,6.626×10^{-34} J·s;ν 为光的频率（单位为 s^{-1}）。

由此我们可以知道,光的频率越高（即波长越短）,光子的能量越大。

光在高频或短波区表现出极强的粒子性,利用它与其他物质的相互作用可以得到粒子流的强度,而无需相位关系。

3. 激光的产生

1）受激辐射发光——激光产生的先决条件

处在高能级 E_2 上的粒子,由于受到能量为 $h\nu = E_2 - E_1$ 的外来光子的诱发而跃迁到低能级 E_1,并发射出一个频率为 $\nu = (E_2 - E_1)/h$ 的光子的跃迁过程称为受激辐射过程,如图 1-6(a)所示。

受激辐射过程发出的光子与入射光子的频率、相位、偏振方向以及传播方向均相同且有两倍同样的光子发出,光被放大了一倍,它是激光产生的先决条件。

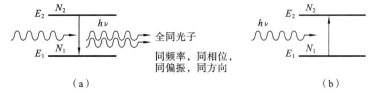

（a）　　　　　　　　　　　　　　（b）

图 1-6 受激辐射与受激吸收过程

受激辐射存在逆过程——受激吸收过程,如图 1-6(b)所示。受激辐射过程是复制产生光子,受激吸收过程是吸收消耗光子,激光产生的实际过程要看哪种作用更强。

2)粒子数反转分布——激光产生的必要条件

(1)玻耳兹曼定律:热平衡状态下大量原子组成的系统粒子数的分布服从玻耳兹曼定律,处于低能级的粒子数多于处于高能级的粒子数,如图 1-7(a)所示,此时受激辐射<受激吸收。

为了使受激辐射占优势从而产生光放大,就必须使高能级上的粒子数密度大于低能级上的粒子数密度,即 $N_2 > N_1$,称为粒子数反转分布,如图 1-7(b)所示。

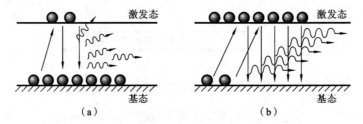

图 1-7 玻耳兹曼定律与粒子数反转分布

实现粒子数反转是激光产生的必要条件。

(2)实现粒子数反转分布:在激光器的实际结构上,通过改变激光工作物质的内部结构和外部工作条件这样两个途径来实现持续的粒子数反转分布。

① 给激光工作物质注入外加能量:如果给激光工作物质注入外加能量,打破工作物质的热平衡状态,持续地把工作物质的活性粒子从基态能级激发到高能级,就可能在某两个能级之间实现粒子数反转,如图 1-8 所示。

图 1-8 粒子数反转的外部条件

注入外加能量的方法在激光的产生过程中称为激励,也称泵浦。常见的激励方式有光激励、电激励、化学激励等。

光激励通常是用灯(脉冲氙灯、连续氪灯、碘钨灯等)或用激光器作为泵浦光源照射激光工作物质,这种激励方式主要为固体激发器所采用,如图 1-9 所示。

电激励是采用气体放电方式使具有一定动能的自由电子与气体粒子相碰撞,把气体粒子激发到高能级,这种激励方式主要为气体激光器所采用,如图 1-10 所示。

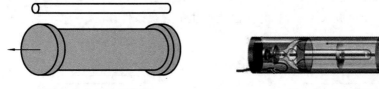

图 1-9 光激励示意图   图 1-10 电激励示意图

化学激励则是通过化学反应产生一种处于激发态的原子或分子,这种激励方式主要为化学激光器所采用。

②　改善激光工作物质的能级结构:在实际应用中能够实现粒子数反转的工作物质主要有三能级系统和四能级系统两类。

三能级系统如图 1-11(a)所示,粒子从基态 E_1 首先被激发到能级 E_3,粒子在能级 E_3 上是不稳定的,其寿命很短(约 10^{-8} s),很快地通过无辐射跃迁到达能级 E_2 上。能级 E_2 是亚稳态,粒子在 E_2 上的寿命较长(10^{-3}~1 s),因而在 E_2 上可以积聚足够多的粒子,这样就可以在亚稳态和基态之间实现粒子数反转。

此时若有频率为 $\nu=(E_2-E_1)/h$ 的外来光子的激励,将诱发 E_2 上粒子的受激辐射,并使同样频率的光得到放大。红宝石就是具有这种三能级系统的典型工作物质。

三能级系统中,由于激光的下能级是基态,为了达到粒子数反转,必须把半数以上的基态粒子泵浦到上能级,因此要求很高的泵浦功率。

四能级系统如图 1-11(b)所示,它与三能级系统的区别是在亚稳态 E_2 与基态 E_0 之间还有一个高于基态的能级 E_1。由于能级 E_1 基本上是空的,这样 E_2 与 E_1 之间就比较容易实现粒子数反转,所以四能级系统的效率一般比三能级系统的高。

以钕离子为工作粒子的固体物质,如钕玻璃、掺钕钇铝石榴石晶体以及大多数气体激光工作物质都具有这种四能级系统的能级结构。

三能级系统和四能级系统的能级结构的特点是都有一个亚稳态能级,这是工作物质实现粒子数反转必需的条件。

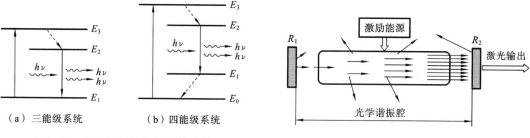

（a）三能级系统　　　　（b）四能级系统

图 1-11　三能级系统和四能级系统

图 1-12　光学谐振腔

3)　光学谐振腔——激光持续产生的源泉

(1)谐振腔功能:虽然工作物质实现了粒子数反转就可以产生相同频率、相位和偏振的光子,但此时光子的数目很少且传播方向不一。

如果在工作物质两端面加上一对反射镜,或在两端面镀上反射膜,使光子来回通过工作物质,光子的数目就会像滚雪球似地越滚越多,形成一束很强且持续的激光输出。

把由两个或两个以上光学反射镜组成的器件称为光学谐振腔,如图 1-12 所示。

(2)谐振腔结构:两块反射镜置于激光工作物质两端,反射镜之间的距离为腔长。其中反射镜 R_1 的反射率接近 100%,称为全反射镜,也称高反镜;反射镜 R_2 部分反射激光,称为部分反射镜,也称低反镜(半反镜)。

全反射镜和部分反射镜不断引起激光器谐振腔内的受激振荡,并允许激光从部分反射镜一端输出,故部分反射镜又称激光器窗口。

在谐振腔内,只有沿轴线附近传播的光才能被来回反射形成激光,而离轴光束经几次来回反射就会从反射镜边缘逸出谐振腔,所以激光束具有很好的方向性。

4）阈值条件——激光输出对器件的总要求

有了稳定的光学谐振腔和能实现粒子数反转的工作物质,还不一定能产生激光输出。

工作物质在光学谐振腔内虽然能够产生光放大,但在谐振腔内还存在着许多光的损耗因素,如反射镜的吸收、透射和衍射,以及工作物质不均匀造成的光线折射和散射等。如果各种光损耗抵消了光放大过程,也不可能有激光输出。

用阈值来表示光在谐振腔中每经过一次往返后光强改变的趋势。

若阈值小于1,意味着往返一次后光强减弱。来回多次反射后,它将变得越来越弱,因而不可能建立激光振荡。因此,实现光振荡并输出激光,除了具备合适的工作物质和稳定的光学谐振腔外,还必须减少损耗,达到产生激光的阈值条件。

5）产生激光的充要条件

（1）要有含亚稳态能级的工作物质。

（2）要有合适的泵浦源,使工作物质中的粒子被抽运到亚稳态并实现粒子数的反转分布,以产生受激辐射光放大。

（3）要有光学谐振腔,使光往返反馈并获得增强,从而输出高定向、高强度的激光。

（4）要满足激光产生的阈值条件。

综上所述,激光(laser)的产生就是受激辐射的光放大效应(light amplification by stimulated emission of radiation)可以顺利进行的过程。

1.1.2　激光光束特性

1. 激光的方向性

1）光束方向性指标——发散角 θ

光束发散角 θ 是衡量光束从其中心向外发散程度的指标,如图 1-13 所示。通常把发散角的大小作为光束方向性的定量指标。

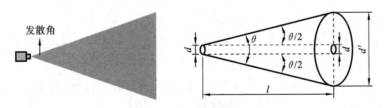

图 1-13　光束的发散角

2）激光束的发散角 θ

普通光源向四面八方发散,发散角 θ 很大,例如点光源的发散角约为 4π 弧度。

激光束基本上可以认为是沿轴向传播的,发散角 θ 很小,例如氦-氖激光器发散角约为 10^{-3} 弧度。

对比一下可以发现,激光束的发散角 θ 不到普通光源的万分之一。

使用激光照射距离地球约 38 万公里的月球,激光在月球表面的光斑直径不到 2 公里。若换成看似平行的探照灯光柱射向月球,其光斑直径将覆盖整个月球。

2. 激光的单色性

1）光束单色性指标——谱线宽度 $\Delta\lambda$

光束的颜色由光的波长（或频率）决定，单一波长（或频率）的光称为单色光，发射单色光的光源称为单色光源，如氦灯、氩灯、氖灯、氢灯等。

真正意义上的单色光源是不存在的，它们的波长（或频率）总会有一定的分布范围，如氖灯红光的单色性很好，谱线宽度范围仍有 0.00001 nm。

波长（或频率）的变动范围称为谱线宽度，用 $\Delta\lambda$ 表示，如图 1-14 所示。通常把光源的谱线宽度作为光束单色性的定量指标，谱线宽度越小，光源的单色性越好。

2）激光束的谱线宽度

普通光源单色性最好的是氪灯，其发射波长为 605.8 nm，谱线宽度为 4.7×10^{-4} nm。

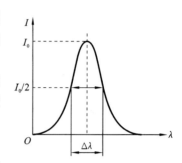

图 1-14　光束的谱线宽度

波长为 632.8 nm 的氦氖激光器产生的激光谱线宽度小于 10^{-8} nm，其单色性比氪灯的好 10^{5} 倍。

由此可见，激光束的单色性远远超过任何一种单色光源。

3. 激光的相干性

1）光束相干性指标——相干长度 L

两束频率相同、振动方向相同、有恒定相位差的光称为相干光。

光的相干性可以用相干长度 L 来表示，相干长度 L 与光的谱线宽度 $\Delta\lambda$ 有关，谱线宽度 $\Delta\lambda$ 越小，相干长度 L 越长。

2）激光束的相干长度

普通单色光源如氪灯、纳光灯等的谱线宽度在 $10^{-3}\sim10^{-2}$ nm 范围，相干长度在 1 mm 到几十厘米的范围。氦氖激光器的谱线宽度小于 10^{-8} nm，其相干长度可达几十千米。

由此可见，激光束的相干性也远远超过任何一种单色光源。

4. 激光的高亮度

1）光束亮度指标——光功率密度

光束亮度是光源在单位面积上向某一方向的单位立体角内发射的功率，简述为光功率/光斑面积，单位为 W/cm^2。由此可以看出，光束亮度实际上是光功率密度的另外一种表述形式。

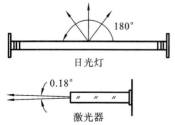

图 1-15　激光亮度

2）激光束的光斑面积小

激光束总的输出功率虽然不大，但由于光束发散角小，其亮度也高。例如，发散角从 $180°$ 缩小到 $0.18°$，亮度就可以提高 100 万倍，如图 1-15 所示。

3）激光器的高功率

脉冲激光器的功率分为平均功率密度和峰值功率密度。

平均功率密度＝平均功率(功率计测得的功率)/光斑面积

峰值功率密度＝平均功率×单位时间/重复频率/脉宽/光斑面积

4) 通过调 Q 技术压缩脉宽

有结果显示,脉冲激光器的光谱亮度可以比白炽灯的大 2×10^{20} 倍。

1.2 激光制造概述

1.2.1 激光制造技术领域

激光制造技术按激光束对加工对象的影响尺寸范围可以分为以下三个领域。

1. 激光宏观制造技术

1) 定义

激光宏观制造技术一般指激光束对加工对象的影响尺寸范围在几毫米到几十毫米之间的加工工艺过程。

2) 主要工艺方法

激光宏观制造技术包括激光表面工程(包括激光表面处理、激光淬火、激光喷涂、激光蒸气沉积以及激光冲击硬化等,激光打标可归类在激光表面处理)、激光焊接、激光切割、激光增材制造等主要工艺方法。

2. 激光微加工技术

1) 定义

激光微加工技术一般指激光束对加工对象的影响尺寸范围在几微米到几百微米之间的加工工艺过程。

2) 主要工艺方法

激光微加工技术包括激光精密切割、激光精密钻孔、激光烧蚀和激光清洗等主要工艺方法。

3. 激光微纳制造技术

1) 定义

激光微纳制造技术一般指激光束对加工对象的影响尺寸范围在纳米到亚微米之间的加工工艺过程。

2) 主要工艺方法

激光微纳制造技术包括飞秒激光直写、双光子聚合、干涉光刻、激光诱导表面纳米结构等主要工艺方法。

纳米尺度材料具有宏观尺度材料所不具备的一系列优异性能,制备纳米材料有许多途径,其中超快激光微纳制造成为通过激光手段制备纳米结构材料的热门方向。

超快激光一般是指脉冲宽度短于 10 ps 的皮秒和飞秒激光,超快激光的脉冲宽度极窄、能量密度极高、与材料作用的时间极短,会产生与常规激光加工几乎完全不同的机理,能够实现亚微米与纳米级制造、超高精度制造和全材料制造。

激光增材制造和超快激光微纳制造是激光制造技术领域中当前和今后一段时间的两个热点,已经被列入"增材制造和激光制造"国家重点研发计划。

1.2.2　激光制造的分类与特点

1. 激光制造的分类

从激光原理可知,激光具有单色性好、相干性好、方向性好、亮度高等四大特性,俗称三好一高。

激光宏观制造技术可以分为激光常规制造和激光增材制造两个大类,激光宏观制造技术主要利用了激光的高亮度和方向性好两个特点。

1) 激光常规制造

(1) 基本原理:把具有足够亮度的激光束聚焦后照射到被加工材料上的指定部位,被加工材料在接受不同参量的激光照射后可以发生气化、熔化、金相组织以及内部应力变化等现象,从而达到工件材料去除、连接、改性和分离等不同的加工目的。

(2) 主要工艺方法:如图 1-16 所示,激光常规制造主要工艺方法包括激光表面工程(包括激光表面处理、激光淬火、激光喷涂、激光蒸气沉积以及激光冲击硬化等,国内常见的激光打标也可以归在激光表面处理内)、激光焊接、激光切割等主要工艺方法。

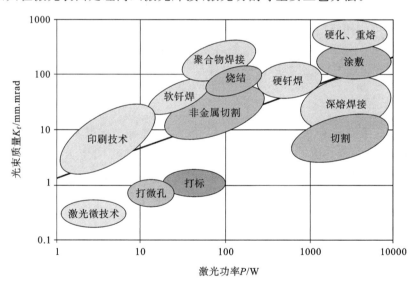

图 1-16　激光常规制造主要工艺方法

2) 激光增材制造(laser additive manufacturing,LAM)

激光增材制造技术是一种以激光为能量源的增材制造技术,按照成形原理进行分类,可以分为激光选区熔化和激光金属直接成形两大类。

(1) 激光选区熔化(selective laser melting,SLM)。

① 工作原理:激光选区熔化技术是利用高能量的激光束,按照预定的扫描路径,扫描预

先在粉床铺覆好的金属粉末并将其完全熔化,再经冷却凝固后成形工件的一种技术,其工作原理如图 1-17 所示。

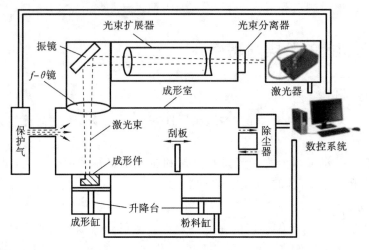

图 1-17　激光选区熔化工作原理

② 技术特点如下:

● 成形原料一般为金属粉末,主要包括不锈钢、镍基高温合金、钛合金、钴-铬合金、高强铝合金以及贵重金属等。

● 采用细微聚焦光斑的激光束成形金属零件,成形的零件精度较高,表面稍经打磨、喷砂等简单处理后即可达到使用精度要求。

● 成形零件的力学性能良好,拉伸性能可超过铸件,达到锻件水平。

● 进给速度较慢,导致成形效率较低,零件尺寸会受到铺粉工作箱的限制,不适合制造大型的整体零件。

(2) 激光金属直接成形(laser metal direct forming,LMDF)。

① 工作原理:激光金属直接成形技术是利用快速原型制造的基本原理,以金属粉末为原材料,采用高能量的激光作为能量源,按照预定的加工路径,将同步送给的金属粉末进行逐层熔化、快速凝固和逐层沉积,从而实现金属零件的直接制造。

激光金属直接成形系统平台包括激光器、CNC 数控工作台、同轴送粉喷嘴、高精度可调送粉器及其他辅助装置,其工作原理如图 1-18 所示。

② 技术特点如下:

● 无需模具,可实现复杂结构零件的制造,但悬臂结构零件需要添加相应的支撑结构。

● 成形尺寸不受限制,可实现大尺寸零件的制造。

● 可实现不同材料的混合加工与制造梯度材料。

● 可对损伤零件实现快速修复。

● 成形组织均匀,具有良好的力学性能,可实现定向组织的制造。

2. 激光制造的特点

1) 一光多用

在同一台设备上用同一个激光源,通过改变激光源的控制方式就能分别实现同种材料

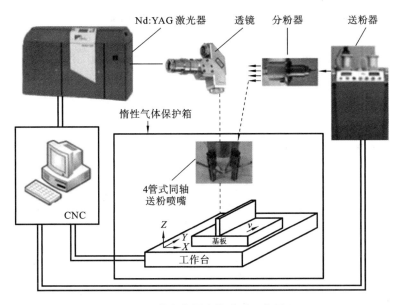

图 1-18　激光金属直接成形工作原理

的切割、打孔、焊接、表面处理等多种加工,既可分步加工,又可在几个工位同时加工。

图 1-19 是一台四光纤传输灯泵浦激光焊接机的光路系统示意图,灯泵浦激光器发出的单光束激光经过 45°反射镜 1 反射后再分别经过 45°反射镜 2、3、4、5 分为四束激光,通过耦合透镜将四束激光耦合进入光纤进行传输,再通过准直透镜准直为平行光作用于工件上,实现了四光束同时加工,大大提高了加工效率。

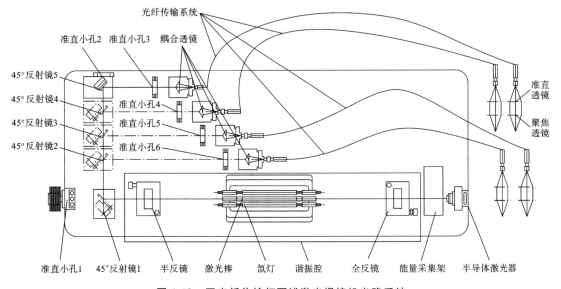

图 1-19　四光纤传输灯泵浦激光焊接机光路系统

2）一光好用

（1）在短时间内完成非接触柔性加工,工件无机械变形,热变形极小,后续加工量小,被加工材料的损耗也很少。

（2）利用导光系统可将光束聚集到工件的内表面或倾斜表面上进行加工，也可穿过透光物质（如石英、玻璃），对其内部零部件进行加工。

（3）激光束易于实现导向、聚焦等各种光学变换，实现对复杂工件自动化加工。

（4）通过使用精密工作台、视觉捕捉系统等装置，能对被加工表面状况进行监控，能进行精细微加工。

3）多光广用

（1）可对绝大多数金属材料、非金属材料和复合材料进行加工，既可以加工高强度、高硬度、高脆性及高熔点的材料，也可以加工各种软性材料、多层复合材料。

（2）既可在大气中加工，又可在真空中加工。

（3）可实现光化学加工，如准分子激光的光子能量高达 7.9 ev，能够光解许多分子的键能，引发或控制光化学反应，如准分子膜层淀积和去除。

激光制造虽有上述一些特点，但在加工过程中必须按照工件的加工特性选择合适的激光器，对照射能量密度和照射时间实现最佳控制。如果激光器、能量密度和照射时间选择不当，则加工效果同样不会理想。

1.2.3 激光加工设备基础知识

1. 机械设备组成知识

1）定义

根据 GB/T 18490—2001 定义，机械（machine），又称机器，是由若干个零件、部件组合而成的，其中至少有一个零件是可运动的，并且有适当的机械致动机构、控制和动力系统等。它们的组合具有一定的应用目的，如物料的加工、处理、搬运或包装等。

2）组成

机械整机从大到小由功能系统（system）、部件（assembly unit）、零件（machine part）基本单元组成。

通常把除机架以外的所有零件和部件统称为零部件，把机架称为构件。

在涉及电子电路、光学、钟表设备的一些场合，某些零件（如电阻、电容、反射镜、聚焦镜、游丝、发条等）称为"元件"。某些部件（如三极管、二极管、可控硅、扩束镜等）称为"器件"，合起来称为元器件。

由于激光加工机械集激光器、光学元件、计算机控制系统和精密机械部件于一体，零部件、元器件和构件等称呼就同时存在。

2. 激光加工设备组成知识

1）定义

根据 GB/T 18490—2001 定义，激光加工机械是包含有一台或多台激光器，能提供足够的能量/功率使至少有一部分工件融化、气化，或者引起相变的机械（机器），并且在准备使用时具有功能上和安全上的完备性。

由以上定义和机械组成的基本概念可知，一台完整的激光加工设备应由激光器系统、激光导光及聚焦系统、运动系统、冷却与辅助系统、控制系统、传感与检测系统六大功能系统组成,其核心为激光器系统。

值得注意的是,根据功能要求的不同,激光加工设备通常并不需要配置以上所有的功能系统,如激光打标机。

2) 系统组成分析实例

图 1-20 是机架式 30 W 射频 CO_2 激光打标机的结构图。

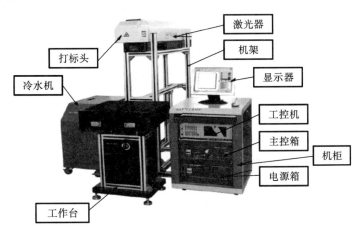

图 1-20 机架式射频 CO_2 激光打标机总体结构

从外观上看,30 W 射频 CO_2 激光打标机主要由电源箱、机柜、主控箱、工控机、显示器、机架、激光器、打标头、冷水机、工作台等几大部件和器件组成。

按照激光加工设备的功能定义,电源箱和激光器构成了设备的激光器系统,主控箱、工控机、显示器构成了设备的控制系统,打标头构成了设备的激光导光及聚焦系统,工作台构成了设备的运动系统,机柜、冷水机构成了设备的冷却与辅助系统。由此可以看出,该台射频 CO_2 激光打标机没有配备传感与检测系统,但这并不影响其使用功能。

3. 激光加工设备分类知识

1) 按激光输出方式分类

(1) 连续激光加工设备:连续激光加工设备的特点是工作物质的激励和相应的激光输出可以在一段较长的时间范围内持续进行,连续光源激励的固体激光器和连续电激励的气体激光器及半导体激光器均属此类,如光纤激光切割机和 CO_2 气体激光切割机。

激光器连续运转过程中器件会产生过热效应,需采取适当的冷却措施。

(2) 脉冲激光加工设备:脉冲激光加工设备可以分为单次脉冲激光加工设备和重复脉冲激光加工设备。

① 单次脉冲激光加工设备:单次脉冲激光加工设备中,激光器工作物质的激励和激光发射从时间上来说是一个单次脉冲过程。某些固体激光器、液体激光器及气体激光器均可以采用此方式运转,此时器件的热效应可以忽略,故某些设备可以不采取冷却措施。

典型的单次脉冲激光加工设备有激光打孔机、珠宝首饰焊接机等。

② 重复脉冲激光加工设备:重复脉冲激光加工设备中,激光器输出一系列的重复激光脉

冲。激光器可相应以重复脉冲的方式激励,或以连续方式激励但以一定方式调制激光振荡过程,以获得重复脉冲激光输出,此时通常要求对器件采取有效的冷却措施。

重复脉冲激光加工设备种类很多,典型的重复脉冲激光加工设备有固体激光焊接机、固体及气体打标机等。

2）按激光器类型分类

按照激光器类型分类,激光加工设备可以分为固体激光加工设备和气体激光加工设备。如氪灯泵浦 YAG 激光切割机、光纤激光切割机等属于固体激光加工设备,射频 CO_2 切割机、玻璃管 CO_2 切割机等属于气体激光加工设备。

3）按加工功能分类

按照加工功能分类,激光加工设备可以分为激光宏观加工设备、激光微加工设备、激光微纳制造设备三大类。

4）按激光输出波长范围分类

根据输出激光波长范围之不同,可将激光器区分为以下几种。

（1）远红外激光器:指输出激光波长范围处于远红外光谱区（$25\sim1000\ \mu m$）的激光器,NH_3 分子远红外激光器（$281\ \mu m$）、长波段自由电子激光器是其典型代表。

（2）中红外激光器:指输出激光波长范围处于中红外光谱区（$2.5\sim25\ \mu m$）的激光器,CO_2 分子气体激光器（$10.6\ \mu m$）、CO_2 分子气体激光器（$5\sim6\ \mu m$）是其典型代表。

（3）近红外激光器:指输出激光波长范围处于近红外光谱区（$0.75\sim2.5\ \mu m$）的激光器,掺钕固体激光器（$1.06\ \mu m$）、CaAs 半导体二极管激光器（约 $0.8\ \mu m$）是其典型代表。

（4）可见光激光器:指输出激光波长范围处可见光光谱区（$0.4\sim0.7\ \mu m$ 或 $4000\sim7000$ Å）的激光器,红宝石激光器（6943 Å）、氦氖激光器（6328 Å）、氩离子激光器（4880 Å、5145 Å）、氪离子激光器（4762 Å、5208 Å、5682 Å、6471 Å）以及某些可调谐染料激光器等是其典型代表。

（5）近紫外激光器:输出激光波长范围处于近紫外光谱区（$0.2\sim0.4\ \mu m$ 或 $2000\sim4000$ Å）的激光器,氮分子激光器（3371 Å）、氟化氙（XeF）准分子激光器（3511 Å、3531 Å）、氟化氪（KrF）准分子激光器（2490 Å）以及某些可调谐染料激光器等是其典型代表。

（6）真空紫外激光器:指输出激光波长范围处于真空紫外光谱区（$50\sim2000$ Å）的激光器,氢（H）分子激光器（$1644\sim1098$ Å）、氙（Xe）准分子激光器（1730 Å）等是其典型代表。

（7）X 射线激光器:指输出激光波长范围处于 X 射线谱区（$0.01\sim50$ Å）的激光器,目前仍处于探索阶段。

5）按激光传输方式分类

按照激光传输方式分类,激光加工设备可以分为硬光路激光加工设备和软光路激光加工设备。

硬光路是指激光器产生的激光通过各类镜片传输到、作用在工件上,适用于各类峰值功率要求较高的加工设备,但由于其光路是固定的,结构比较笨重,光路控制不灵活,不利于工装夹具的放置。

软光路是指激光器产生的激光通过光纤作为传输介质作用在工件上,光纤传输的光斑功率密度均匀,输出端体积小,适用于各类自动线生产中,但传输的功率较小。

1.2.4　激光与加工材料相互作用的机理

激光与物质的相互作用,既包括复杂的微观量子过程,也包括激光作用于各种介质材料所发生的宏观现象,如激光的反射、吸收、折射、衍射、干涉偏振、光电效应、气体击穿等。

1. 激光与材料相互作用的能量变化过程

激光与材料相互作用时,两者的能量转化遵守能量守恒定律

$$E_0 = E_{反射} + E_{吸收} + E_{透射} \tag{1-4}$$

式中:E_0为入射到材料表面的激光能量;$E_{反射}$为被材料反射的能量;$E_{吸收}$为被材料吸收的能量;$E_{透射}$为激光透过材料后仍保留的能量。上式可转化为

$$1 = E_{反射}/E_0 + E_{吸收}/E_0 + E_{透射}/E_0$$

即

$$1 = R + \alpha + T$$

式中:R为反射系数;α为吸收系数;T为透射系数。当材料对激光不透明时,$E_{透射} = 0$,则$1 = R + \alpha$。

大多数金属材料和非金属材料对激光是不透明的,一部分非金属材料对激光是部分透明的,如有机玻璃、水晶材料等。

2. 激光与材料相互作用的物态变化

1)激光照射金属材料

激光照射金属材料表面时,在不同的功率密度和照射时间下,材料表面区域将发生不同的变化,如图1-21(a)、图1-21(b)、图1-21(c)、图1-21(d)所示。

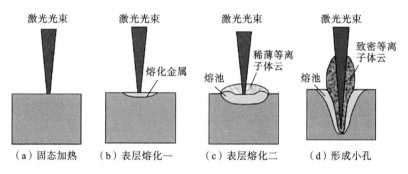

图 1-21　激光照射金属材料时的主要过程

(1)固态加热:激光功率密度较低、照射时间较短时,金属吸收的激光能量只能引起材料由表及里温度升高,但维持固相不变。

这个过程主要用于零件退火和相变硬化处理。

(2)表层熔化一:激光功率密度提高、照射时间加长时,金属吸收的激光能量使材料表层逐渐熔化,随着输入能量的增加,液—固分界面逐渐向材料深部移动。

这个过程主要用于金属的表面重熔、合金化、熔覆和热导型焊接。

(3)表层熔化二:进一步提高激光功率密度、加长照射时间,材料表面不仅熔化而且气化,形成增强吸收等离子体云。气化物集聚在材料表面附近并电离形成微弱等离子体,有助

于材料对激光的吸收。在气化膨胀压力下液态表面形成凹坑。

这个过程主要用于激光焊接。

（4）形成小孔及阻隔激光的等离子体云：再进一步提高功率密度、加长照射时间，材料表面强烈气化形成较高电离密度的等离子体云，这种致密的等离子体云对激光有屏蔽作用，大大降低了激光入射到材料内部的能量密度。在较大的蒸汽反作用力下，熔化的金属内部形成小孔，通常称之为匙孔，匙孔的存在有利于材料对激光的吸收。

这一阶段可用于激光深熔焊接、切割和打孔、冲击硬化等。

由以上分析可知，随着激光功率密度与照射时间的增加，金属材料将会发生相变态→液态→气态→等离子态几种物态变化。

2）激光照射非金属材料

非金属材料可以分为有机非金属材料、无机非金属材料和复合材料三个大类。

激光加工中常见的无机非金属材料有陶瓷、玻璃、水晶及硅片等，有机非金属材料有木材、皮革、纸张、有机玻璃、橡胶、树脂和合成纤维等，复合材料的种类更是繁多。

非金属材料表面对激光的反射率比金属表面要低得多，有利于激光加工进行。

有机非金属材料的熔点或软化点一般比较低，有的吸收了激光光能后内部分子振荡加剧，使通过聚合作用形成的巨分子又解聚迅速汽化，例如激光切割有机玻璃。有机非金属材料经过激光加工部位的边缘可能会炭化。

无机非金属材料的导热性一般较差，激光会沿着加工路线产生很大的热应力使材料产生裂缝或破碎。线胀系数小的材料如石英不容易破碎，线胀系数大的材料如玻璃和陶瓷等容易破碎。

非金属材料还可以分为透明非金属材料和不透明非金属材料，激光照射在玻璃或其他高透材料上时，高透材料对该激光波长的吸收率及脉冲激光能量大小这两个参数对激光加工效果起决定作用。

在透明材料加工中使用超短脉冲激光器是提高脉冲激光能量的主要方法，即使用超快激光器在近红外波长范围内产生次皮秒脉冲，超短脉冲每平方厘米的功率密度超过太瓦，引发透明材料内部的多光子吸收、雪崩和碰撞电离现象，采用这一方法时的热影响可以忽略不计，通常被称为"冷消融"。

3）激光照射产品表面附着物

激光照射产品表面附着物如图 1-22 所示，表面附着物以油污、氧化物锈迹、油漆和污垢为主。

（1）光气化/光分解：激光束在焦点附近产生几千度至几万度高温使表面附着物瞬间气化或分解。

（2）光剥离：激光束使表面附着物受热膨胀，当膨胀力大于基体之间的吸附力时，物体表面附着物便会从物体的表面脱离。

（3）光振动：利用较高频率和功率的脉冲激光冲击物体的表面，在物体表面产生超声波，超

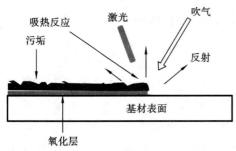

图 1-22　激光照射产品表面附着物示意图

声波在冲击中下层硬表面以后返回，与入射声波发生干涉，从而产生高能共振波，使表面附着物发生微小爆裂、粉碎、脱离基体物质表面，当工件与表面附着物对激光束的吸收系数差别不大，或者表面附着物受热后会产生有毒物质等情况时，可以选用这种方式。

4）激光照射生物组织

激光与生物组织相互作用后引起的组织变化称为激光的生物效应。

激光的生物效应是激光的热作用、压强作用、光化作用、电磁场作用和生物刺激作用所致，其中最重要的是激光的热作用和光化作用。

激光的热作用是生物组织吸收激光后温度升高的现象。当激光热作用较弱时，可以给生物组织能量以改变病理状态恢复健康。当激光热作用较强时，可以造成生物组织局部粘连焊接、气化、凝固和切除，达到激光医疗的目的。

激光直接引起生物的生化作用称为光化作用，光化反应有视觉作用、光合作用、光敏作用等类型，激光会使光化反应更为方便、易控、有效和广泛。

3. 影响金属对激光吸收率的因素

金属对激光的吸收与波长、材料性质、温度、表面状况、功率密度等因素有关。

1）波长、金属材料性质的影响

常用金属在室温下的反射率与波长的关系曲线如图 1-23 所示，总体而言是激光波长短、反射率低、吸收率高。材料导电性好、吸收率低。

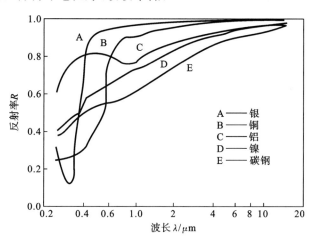

图 1-23 金属反射率与波长的关系

在红外区，近似的有 $A \propto \lambda/2$，随着波长的增加，吸收率减小，反射率增大。大部分金属对 $10.6\ \mu m$ 波长红外光反射强烈，而对 $1.06\ \mu m$ 波长红外光反射较弱。在可见光及其附近区域，不同金属材料的反射率呈现错综复杂的变化。

在 $\lambda > 2\ \mu m$ 的红外光区，所有金属的反射率都表现出接近于 1 的共同规律。

2）温度的影响

金属材料在室温时的激光吸收率均很小，随温度升高而增大。

当温度升高到接近材料熔点时，激光吸收率可达 $40\% \sim 50\%$，温度接近沸点，吸收率可高达 90%。

某些金属对 1 μm 波长光波吸收率随温度变化的试验结果如图 1-24 所示。

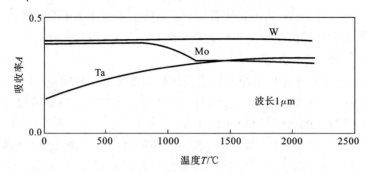

图 1-24　几种金属对 1 μm 波长光波吸收率与温度的关系

3）表面状况的影响

金属表面状态对入射激光的吸收影响较大。

在实际激光加工中，金属材料在高温下形成的氧化膜可显著增大对波长为 10.6 μm 激光的吸收率。

金属表面越粗糙，对激光的吸收率越高，例如对金属表面进行喷砂、涂层处理，都可有效增大金属对激光的吸收率，常见涂层的吸收率如表 1-1 所示。

表 1-1　不同涂层的吸收率数据

常见涂料	吸收率	涂层厚度/mm
磷酸盐	＞0.90	0.25
氧化锆	0.90	—
氧化钛	0.89	0.20
炭黑	0.79	0.17
石墨	0.63	0.15

4）功率密度

功率密度超过材料的阈值时会导致金属表面汽化，大幅度提高激光吸收率。

1.3　激光焊接与激光焊接机概述

1.3.1　激光焊接概述

1. 激光焊接物理作用原理

在国家标准的焊接方法分类中，激光焊接属于熔化焊接中的一个类别，如图 1-25 所示。

激光焊接是将一定强度的激光束（焦平面上的功率密度可达 $10^5 \sim 10^{13}$ W/cm²）辐射至被焊金属表面，通过激光与被焊金属的相互作用，使被焊处形成一个能量高度集中的局部热

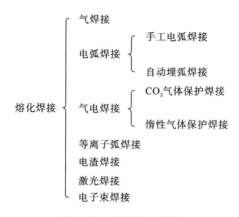

图 1-25 焊接方法分类

源区,从而使被焊物熔化并形成牢固的焊点和焊缝。

在激光焊接中会出现金属熔化、气化、等离子体形成等现象,要想焊接效果良好必须使金属熔化成为能量转换的主要形式。

2. 激光焊接的主要方式

1) 热传导焊接

热传导焊接通过激光辐射加热被焊金属表面,表面热量通过热传导作用向材料内部扩散,通过控制激光脉冲的宽度、能量、峰值功率和重复频率等参数,使工件熔化,形成特定的熔池,直至将两个待焊接的接触面互熔并焊接在一起,如图 1-26(a)所示。

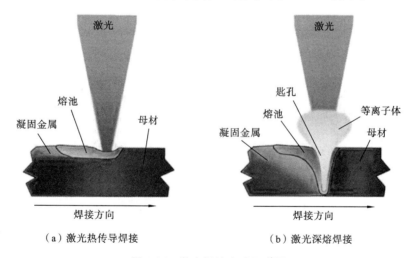

(a)激光热传导焊接   (b)激光深熔焊接

图 1-26 激光焊接方式示意图

热传导焊接应用于焊接微、小型材料和薄壁材料的精密焊接中,电池激光封焊机、首饰焊接机等都是常见的热传导焊接设备。

2) 激光深熔焊接

高功率密度激光束照射到材料上加热熔化以至气化产生蒸气压,熔化金属被排挤在光束周围使照射处呈现一个凹坑,激光停止照射后,被排挤在凹坑周围的熔化金属重新流回到凹坑凝固后将工件焊接在一起,这种焊接方法称为深熔焊接,如图 1-26(b)所示。

激光深熔焊接应用于厚大材料高速焊接中,以多功能激光加工机的形式出现。

3) 激光钎焊

利用激光作为热源熔化焊接钎料,熔化的焊接钎料冷却后将工件连接起来,这种焊接方法称为激光钎焊。激光钎焊有软钎焊与硬钎焊两种方式,其中软钎焊主要用于焊接强度较低的材料,如焊接印刷电路板的片状元件,硬钎焊主要用于焊接强度较高的材料。

1.3.2 激光焊接机系统组成

表 1-2 给出了适用于焊接用的激光器类型及主要加工参数。

表 1-2 焊接用激光器类型及主要加工参数

激光器类型	最大熔深/in(1 in=2.54 cm)	最大深宽比	功率范围/kW
脉冲 Nd:YAG	0.05	1	0.025~0.6(峰值功率为 0.25~10)
CO_2 激光器	1	10	0.5~25
碟式激光器	0.5	10	0.5~10
半导体激光器	0.3	5	0.5~6
光纤激光器	1	20	0.1~50

1. 焊接机激光器系统

1) CO_2 激光器

CO_2 激光器波长为 10600 nm,功率 1~20 kW,是大功率激光焊接机的主要激光源。

2) 脉冲 Nd:YAG 激光器

脉冲 Nd:YAG 激光器利用相对较低的平均功率可以产生较高峰值功率,高峰值功率和窄脉宽的结合为能量输入提供了有效的控制方式,保证了材料焊接的质量。

3) 半导体激光器

高功率半导体激光器功率可达几千瓦,它是激光焊接机的光源。

4) 光纤激光器

功率小于 300 W 的低功率激光焊接采用单模光纤激光器,大功率焊接采用多模光纤激光器。

5) 碟式激光器

扁平碟式激光器的功率可达到 10 kW,同时光束质量良好。

2. 焊接机导光及聚焦系统

焊接机导光及聚焦系统可以分为硬光路系统和软光路系统两大类型。

1) 硬光路系统

典型硬光路系统器件的组成如图 1-27 所示,其中全反射镜片和半反射镜片构成激光谐振腔,扩束镜小镜片和扩束镜大镜片构成可调扩束镜,观察显微镜和显微镜保护镜片用于肉眼有效观察工件，45°反射镜用来向下转折激光光束，聚焦镜用来聚焦激光束，保护镜片用来防止烟雾污染镜片。

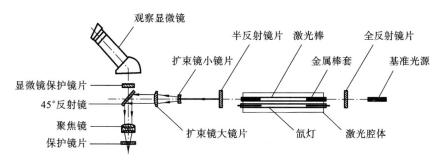

图 1-27 硬光路导光及聚焦系统示意图

2）软光路系统

除了直接使用光纤激光器的激光焊接机外，光纤传导激光焊接机导光及聚焦系统可以分为主要由导光器件组成的硬光路系统和由耦合器件、准直器件、聚焦器件组成的软光路系统两个部分，如图 1-28 所示。

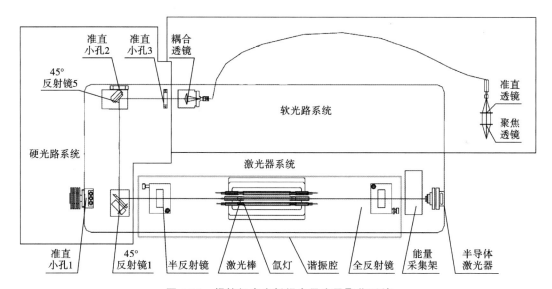

图 1-28 焊接机中光纤耦合导光及聚焦系统

（1）导光器件主要由 45°反射镜片、小孔光阑、光闸等器件组成，主要作用是将激光器出射激光引入耦合器件中。

（2）耦合器件主要由耦合筒、耦合镜片、衰减片、光纤等器件组成，耦合镜片安装在耦合筒内，衰减片用于能量分光系统中衰减支路激光能量。

（3）准直器件由准直器、准直镜片等器件组成，准直镜片安装于准直器中，用于将光纤射出的发散激光转换成近平行光。

（4）聚焦器件由聚焦镜片、保护镜片等器件组成，用于将准直器件射出的近似平行光束经 45°反射镜片反射进入焊接头聚焦进行焊接加工。

直接使用光纤激光器的激光焊接机只有软光路系统导光及聚焦系统。

3. 激光焊接机控制系统

激光焊接机控制系统主要通过控制脉冲激光电源的工作过程来满足焊接加工时的能量、脉宽波形、动作顺序等参数的要求。

脉冲激光电源由主电路（包括充电电路和储能放电电路）、触发电路、预燃电路、控制电路等电路组成，如图 1-29 所示。

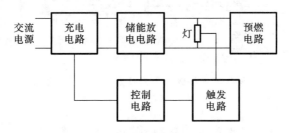

图 1-29　脉冲激光电源

脉冲激光电源的工作原理是先将三相交流电源经整流、滤波后变成直流电对储能电容充电，再通过大功率开关管控制储能电容对氙灯放电，放电的频率和宽度由控制电路决定。

图 1-30 所示的是某种脉冲激光电源的实际器件组成示意图，将在以后深入分析其组成结构和器件板卡功能。

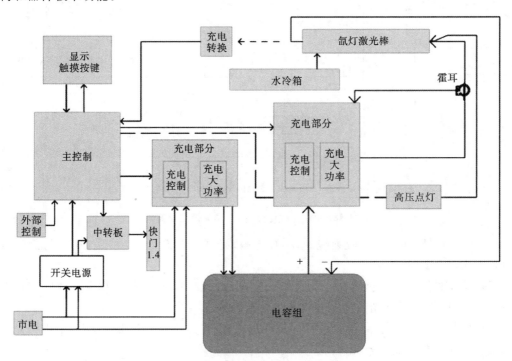

图 1-30　脉冲激光电源器件组成示意图

4. 焊接机运动系统(工作台)

焊接机运动系统(工作台)的外形结构和内部结构如图 1-31(a)、图 1-31(b)所示,运动系统(工作台)是一个由控制器驱动步进电动机(或伺服电动机)旋转、与步进电动机(伺服电动机)相连的丝杠跟随旋转,丝杠再带动螺母形成直线运动的装置。

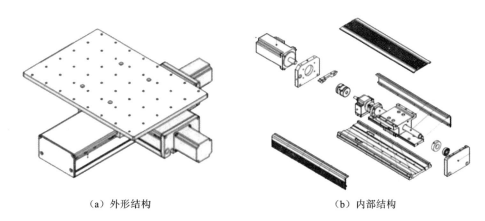

　　　　(a)外形结构　　　　　　　　　　　　　(b)内部结构

图 1-31　运动系统(工作台)的外形结构和内部结构示意图

5. 焊接机传感与检测系统

能量负反馈是焊接机最重要的传感与检测系统,它可以使激光器输出的能量(功率)具有良好的重复性,保证产品的一致性,如图 1-32 所示。

　　　　(a)无功率负反馈　　　　　　　　　　　(b)有功率负反馈

图 1-32　能量负反馈装置的使用效果

6. 激光焊接机冷却与辅助系统

1)冷却系统

激光焊接机一般都采用内外循环二次水冷却系统,通过单独制冷方式将激光器产生的热量排放到外部。

2)吹气装置

在激光焊接过程中,吹气装置可以用来抑制等离子云,从而增加熔深,提高焊接速度。氦气是激光点焊时使用最有效的保护气体,使用氩气的焊件表面比使用氦气的焊件表面要光滑,但氩气不适合高功率密度的激光光束。

不管使用什么类型的保护气体,一般采用侧吹的方式,如图 1-33 所示。

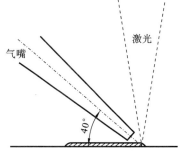

图 1-33　保护气体位置示意图

1.4 激光安全防护知识

1.4.1 激光加工危险知识

1. 激光加工危险分类

根据《激光加工机械安全要求》(GB/T 18490—2001),使用激光加工设备时可能导致两大类危险:第一类是设备固有的危险,第二类是外部影响(干扰)造成的危险。危险是引起人身伤害或设备损坏的原因。

1)设备固有危险

激光加工设备固有危险一共有 8 个大类。

(1)机械危险:机械危险包括激光加工设备运动部件、机械手或机器人运动过程中产生的危险,主要包含以下几个方面。

① 设备及其运动部件的尖棱、尖角、锐边等的刺伤和割伤危险。

② 设备及其运动部件倾覆、滑落、冲撞、坠落或抛射危险。

例如,激光加工设备上的机械手可能会把防护罩打穿一个孔,可能损坏激光器或激光传输系统,还可能会使激光光束指向操作人员、周围围墙和观察窗孔。

(2)电气危险:激光加工设备总体而言属于高电压、大电流的设备,电气危险首先可能是高电压、大电流对操作人员的伤害和对设备造成的损坏,其次是在极高电压下无屏蔽元件产生的臭氧或 X 射线,它们都会直接造成触电等人身伤亡事故。

(3)噪声危险:使用激光加工设备时常见的噪声源有吸烟雾用的除尘设备运转喧叫声、抽真空泵的马达噪声、冷却水用的水泵马达噪声、散热用的风扇转动噪声等。

在无适当防护的情况下,当噪声总强度超过 90 dB 时可引起头痛、脑胀、耳鸣、心律不齐和血压升高等后果,甚至可致噪声性耳聋。

激光加工设备整机噪声声压级不应超过 75 dB(A)。声压级测量方法应符合 GB/T 16769—2008 的规定。

(4)热危险:在使用激光加工设备时可能导致火灾、爆炸、灼伤等热危险,热危险可分为人员烫伤危险和场地火灾危险两大类。

激光加工设备爆炸源主要有泵浦灯、大功率玻璃管激光器、电解电容等。

由热危险导致烧穿激光加工设备的冷却系统和工作气体管路以及传感器的导线,可能造成元器件损毁或机械危险产生。

激光光束意外地照射到易燃物质上也可能导致火灾。

(5)振动危险。

(6)辐射危险的分类和后果。

① 辐射危险与热危险密不可分,它可以分为以下三类。

● 直射或反射的激光束及离子辐射导致的危险。

● 泵浦灯、放电管或射频源发出的伴随辐射(紫外、微波等)导致的危险。

● 激光束作用使工件发出二次辐射(其波长可能不同于原激光束)导致的危险。

② 辐射危险后果:辐射危险会引起聚合物降解和有毒烟雾气体,尤其是臭氧的产生,会造成可燃性物料的火灾或爆炸,会对人形成强烈的紫外光、可见光辐射等。

(7) 设备与加工材料导致的危险的分类及副产物。

① 危险种类:设备与加工材料导致的危险也有三类。

● 激光设备使用的制品(如激光气体、激光染料、激活气体、溶媒)导致的危险。

● 激光光束与物料相互作用(如烟、颗粒、蒸气、碎块)导致的火灾或爆炸危险。

● 促进激光光束与物料作用的气体及其产生的烟雾导致的危险,包括中毒和氧缺乏危险。

② 各类激光加工时常见的副产物与危险如下。

● 陶瓷加工:铝(Al)、镁(Mg)、钙(Ca)、硅(Si)、铍(Be)的氧化物,其中氧化铍(BeO)有剧毒。

● 硅片加工:浮在空气中的硅(Si)及氧化硅的碎屑可能引起矽肺病。

● 金属加工:锰(Mn)、铬(Cr)、镍(Ni)、钴(Co)、铝(Al)、锌(Zn)、铜(Cu)、铍(Be)、铅(Pb)、锑(Sb)等金属及其化合物对人体是有影响的。

其中:Cr、Mn、Co、Ni 对人体致癌,Zn、Cu 金属烟雾引起发烧和过敏反应,金属 Be 引起肺纤维化。

在大气中切割合金或金属时会产生较多重金属烟雾。

金属焊接与金属切割相比,产生的重金属烟雾量较低。

金属表面改性一般不会,但有时也会产生重金属烟雾。

低温焊接与钎焊可能会产生少量的重金属蒸气、焊剂蒸气及其副产物。

● 塑料加工:切割加工、温度较低时产生脂肪族烃,而温度较高时则会使芳香族烃(如苯、PAH)和多卤多环类烃(如二氧芑、呋喃)增加。其中某些物质还可能产生氰化物,如异氰酸盐(聚氨酯)、丙烯酸盐(PMMA)和氧化氢(PVC)。

氰化物、CO、苯的衍生物是有毒气体,异氰酸盐、丙烯酸盐是过敏源和刺激物,甲苯、丙烯醛、胺类刺激呼吸道,苯及某些 PAH 物质致癌。

在切割纸和木材时会产生纤维素、酯类、酸类、乙醇、苯等副产物。

(8) 设备设计时忽略人类工效学原则而导致的危险如下。

① 误操作危险。

② 控制状态设置不当。

③ 不适当的工作面照明。

2) 设备外部影响(干扰)造成的危险

设备外部影响(干扰)造成的危险是指激光加工设备外部环境变化后所造成的设备状态参数变化而导致的危险状态,也可以分为以下 8 类。

(1) 温度变化。

(2) 湿度变化。

(3) 外来冲击和振动。

（4）周围的蒸气、灰尘或其他气体干扰。

（5）周围的电磁干扰及射电频率干扰。

（6）断电和电压起伏。

（7）由于安全措施错误或不正确定位产生的危险。

（8）由于电源故障、机械零件损坏等产生的危险。

上述两大类共计 16 小类危险程度在不同材料和不同加工方式中的影响程度是不同的，表 1-3 列出了用 CO_2 激光器切割有机玻璃时可能产生危险程度分类。用户可以根据上述方法分析激光焊接、激光打标时可能遇到的主要危险，在激光设备和制定加工工艺时应该采取措施来防范以上这些危险。

表 1-3 CO_2 激光器切割有机玻璃时可能产生危险程度

分类	程度	分类	程度	分类	程度
机械危险	程度一般	辐射危险	程度严重	湿度	程度一般
电气危险	程度一般	材料导致的危险	程度严重	外来冲击/振动	程度一般
噪声危险	基本没有	设计时危险	程度一般	周围的蒸气、灰尘或其他气体	程度一般
热危险	程度严重	温度	程度一般	电磁干扰/射电频率干扰	程度一般
断电/电压起伏	基本没有	安全措施错误危险	程度一般	失效、零件损坏等产生的危险	程度一般

2. 激光辐射危险分级

激光辐射危险是激光加工时的特有和主要危险，必须重点关注。

评价激光辐射的危险程度是以激光束对眼睛的最大可能的影响为标准，即根据激光的输出能量和对眼睛损伤的程度把激光分为四类，再根据不同等级分类制定相应的安全防护措施。

国标 GB/T 18490—2001 规定了激光加工设备辐射的危险程度，它们与国际电工委员会（IEC）的标准（IEC60825）、美国国家标准（ANSIZ136）或其他相关的激光安全标准相同。

1）辐射危险分级

根据国际电工技术委员会 IEC60825.1:2001 制订的标准，激光产品可分为下列几类，如表 1-4 所示。

表 1-4   激光辐射危险分级

激光辐射危险分级		输出激光功率	波长范围
1 类	普通 1 级激光产品	小于 0.4 mW	400～700 nm
	1M 级激光产品		
2 类	普通 2 级激光产品	0.4～1 mW	400～700 nm
	2M 级激光产品		
3 类	3A 级激光产品	1～5 mW	302.5～1064 nm
	3B 级激光产品	5～500 mW	
4 类	4 类激光产品	500 mW 以上	302.5 nm 至红外光

（1）1类激光产品：1类激光产品的激光功率输出小于 0.4 mW，又可以分为普通 1 级和 1M 级激光产品两类。

普通 1 级激光产品不论何种条件下对眼睛和皮肤的影响都不会超过 MPE 值，即使在光学系统聚焦后也可以利用视光仪器直视激光束，在保证设计上的安全后不必特别管理，又可称无害免控激光产品。

1M 级激光产品在合理可预见的情况下操作是安全的，但若利用视光仪器直视光束，便可能会造成危害。典型的 1 类激光产品有激光教鞭、CD 播放设备、CD-ROM 设备、地质勘探设备和实验室分析仪器等，如图 1-34 所示。

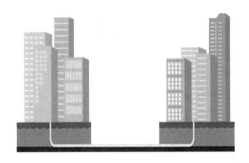

图 1-34　1 类激光产品举例

（2）2类激光产品：2 类激光产品激光的波长范围为 400～700 nm，能发射可见光，设备激光功率输出在 0.4～1 mW 之间，又可称为低功率激光产品。

2 类激光产品也可以分为普通 2 级和 2M 级激光产品两类。人闭合眼睛的反应时间约为 0.25 s，普通 2 级激光产品可通过眼睛对光的回避反应（眨眼）提供足够保护，如图 1-35 所示。

图 1-35　普通 2 级激光产品举例

2M 级激光产品的可视激光会导致晕眩，用眼睛偶尔看一下不至造成眼损伤，但不要直接在光束内观察激光，也不要用激光直接照射眼睛，避免用远望设备观察激光。

典型应用如课堂演示、激光教鞭、瞄准设备和测距仪等，如图 1-36 所示。

（3）3类激光产品：3 类激光产品激光的波长范围为 302.5～1064 nm，为可见或不可见的连续激光，输出的激光功率范围为 1～500 mW，又可称中功率激光产品。

3 类激光产品分为 3A 和 3B 级产品。

3A 级激光产品为可见光的连续激光，输出为 1～5 mW 的激光束，光束的能量密度不超过 25 W/mm²，要避免用远望设备观察 3A 级激光。

3A 级激光产品的典型应用和 2 级激光产品有很多相同之处，这类产品的发射极限不得超过波长范围为 400～700 nm 的 2 级产品的 5 倍,在其他波长范围内亦不许超过 1 类产品的 5 倍。

3B 级激光产品输出 5～500 mW 的连续激光,直视激光光束会造成眼损伤,但将激光改变成非聚焦、漫反射时一般无危险,对皮肤无热损伤,3B 级激光的典型应用有半导体激光治疗仪、光谱测定和娱乐灯光表演等,如图 1-37 所示。

图 1-36　2M 级激光产品举例

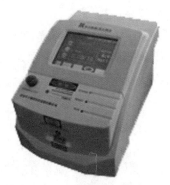

图 1-37　3 类激光产品举例

（4）4 类激光产品:4 类激光产品波长范围为 302.5 nm 至红外光,为可见或不可见的连续激光,输出的激光功率大于 500 mW,又可称大功率激光产品。

4 类激光产品不但其直射光束及镜式反射光束对眼和皮肤损伤相当严重,其漫反射光也可能给人眼造成损伤,并可灼伤皮肤及酿成火警,扩散反射也有危险。

大多数激光加工设备,如激光热处理机、激光切割机、激光雕刻机、激光打标机、激光焊接机、激光打孔机和激光划线机等均为典型的 4 类激光产品。激光外科手术设备和显微激光加工设备等也属于 4 类激光产品,如图 1-38 所示。

图 1-38　4 类激光产品举例

1.4.2　激光加工危险防护

1. 激光辐射伤害防护

1）激光辐射伤害防护主要措施

（1）操作人员应具备辐射防护知识,配戴与激光波长相适应的防护眼镜,如图 1-39

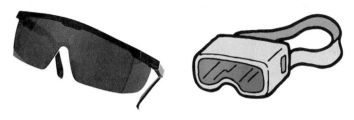

图 1-39 激光防护镜

所示。

（2）激光加工设备具备完善的激光辐射防护装置。

（3）激光加工场地具备完善的激光防护装置和措施。

2）激光防护眼镜的类型与选用

激光防护眼镜可全方位防护特定波段的激光和强光，防止激光对眼睛的伤害。其光学安全性能应该完全满足《激光防护镜生理卫生标准》（GJB 1762—93）及《ROHS 标准》。

（1）激光防护眼镜有以下几种类型。

① 吸收型激光防护镜：吸收型防护镜在基底材料 PMMA 或 P.C 中添加特种波长的吸收剂，能吸收一种或几种特定波长的激光，又允许其他波长的光通过，从而实现激光辐射防护。

吸收型防护镜只能防护可见光和近红外光谱中极小的一部分，其优点是抗激光冲击能力优良，对激光衰减率较高，表面不怕磨损，即使有擦划，也不影响激光的安全防护；缺点是由于吸收激光能量容易导致本身破坏，同时它的可见光透过率不高，影响观察。

② 反射型激光防护镜：反射型激光防护镜是在基底上镀多层介质膜，有选择的反射特定波长的激光，而让在可见光区内的其他邻近波长大部分的激光通过。

市面上能够买到的防护眼镜大部分是反射型激光防护镜。由于是反射激光，它比吸收型防护镜能够承受更强的激光，可见光透过率高，同时激光的衰减率也较高，光反应时间小于 10^{-9} s；缺点是多层涂膜对激光反射的效果随激光入射角变化而变化，如果对激光防护要求很高，需要的涂层就会较厚，这对玻璃透光性影响很大。另外，镀的介质层越厚越容易脱落，且脱落之后不易肉眼观察到，这是非常危险的。

③ 复合型激光防护眼镜：复合型激光防护眼镜是在吸收式防护材料表面上再镀上反射膜，既能吸收某一波长的激光，又能利用反射膜反射特定波长的激光，兼有吸收式和反射式两种激光防护眼镜的优点，但可见光透过率相对于反射式防护眼镜的材料而言有很大程度的下降。

④ 新型激光防护材料：新型激光防护材料基于非线性光学原理，主要利用非线性吸收、非线性折射、非线性散射和非线性反射等非线性光学效应来制造激光防护镜。

例如，碳-碳高分子聚合物（C_{60}）制成的激光防护镜，可使透光率随入射光强的增加而降低。又如，全息激光防护面罩是采用全息摄影方法在基片上制作光栅，对特定波长的激光产生极强的一级衍射，是一种新型防护装备。

（2）激光防护眼镜选用的原则及指标。

① 激光防护眼镜的选择原则：选择防护眼镜时，首先应根据所用激光器的最大输出功率

（或能量）、光束直径、脉冲时间等参数确定激光输出的最大辐照度或最大辐照量。而后，按相应波长和照射时间的最大允许辐照量（眼照射限值）确定眼镜所需最小光密度值，并据此选取合适的防护眼镜。

② 选择激光防护眼镜的几个指标如下。

● 最大辐照量 H_{max}（J/m^2）或最大辐照度 E_{max}（W/m^2）。

● 特定的激光防护波长。

● 在相应防护波长的所需最小光密度值 OD_{min}：光密度（optical density，OD）是一个没有量纲单位的对数值，表示某种材料入射光与透射光比值的对数，或者是光线透过率倒数的对数。计算公式为 OD＝lg（入射光/透射光）或 OD＝lg（1/透光率），它有 0，1，2，3，4，5，6，7 个等级，对应的光线透过率（或衰减系数）如表 1-5 所示。OD 数值越大，激光防护眼镜的防护能力越强。

表 1-5　光密度、光透过率和衰减系数之间的关系

光　密　度	光　透　过　率	衰　减　系　数
0	100%	1
1	10%	10
2	1%	100
3	0.1%	1000
4	0.01%	10000
5	0.001%	100000
6	0.0001%	1000000
7	0.00001%	10000000

● 镜片的非均匀性、非对称性、入射光角度效应等。

● 抗激光辐射能力。

● 可见光透过率（visible light transmittance，VLT）：激光防护眼镜的 VLT 数值低于 20%，所以激光防护眼镜需要在良好照明的环境中使用，保证操作人员在佩戴激光防护眼镜后视觉良好。

● 结构外形和价格：包括是否佩戴近视眼镜、人员的面部轮廓。

③ 激光防护眼镜实例，如图 1-40 所示。

3）激光加工设备上的激光辐射防护装置

（1）设备启动/停开关：激光加工设备启动/停开关应该能使设备停止（致动装置断电），同时，或者隔离激光光束，或者不再产生激光光束。

（2）急停开关：急停开关应该能同时使激光光束不再产生并自动把激光光闸放在适当的位置，使加工设备断电，切断激光电源并释放储存的所有能量。

如果几台加工设备共用一台激光器且各加工设备的工作彼此独立无关，则安装在任意一台设备上的紧急终止开关都可以执行上述要求，或者使有关的加工设备停设备（致动装置断电），同时切断通向该加工设备的激光光束。

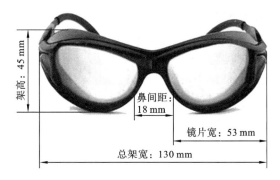

【产品名称】：激光防护眼镜
【产品型号】：SK-G16
【防护波长】：1064 nm
【光密度OD】：6+
【可见光透过率】：85%
【防护特点】：反射式全方位防护
【适合激光器】：四倍频 YAG 激光器、准分子激光器He-cd、YAG 激光器、半导体激光器

图 1-40　激光防护镜实例

（3）隔离激光光束的措施：通过截断激光光束和/或使激光光束偏离实现激光光束的隔离。实现光束隔离的主要器件有激光光束挡块（光闸）。

（4）激光加工场地的激光防护装置和措施如下。

① 防护要求：在操作激光设备时，排除人员受到 1 类以上激光辐射照射。在设备维护维修时，排除人员受到 3A 级以上激光辐射照射。

② 防护措施如下。

● 当激光辐射超过 1 类时，应该用防护装置阻止无关人员进入加工区。

● 给用户的操作说明里应该说明要采用的防护类型是局部保护还是外围保护。

● 局部保护是使激光辐射以及有关的光辐射减小到安全量值的一种防护方法，例如，固定在工件上光束焦点附近的套管或小块挡板。

● 外围保护是通过远距离挡板（如保护性围栏）把工件、工件支架以及加工设备，尤其是运动系统封闭起来，使激光辐射以及有关的光辐射减小到安全量值的防护方法。

2. 非激光辐射伤害防护

激光加工时的非激光伤害主要有：触电危害、有毒气体危害、噪声危害、爆炸危害和火灾危害、机械危害等。

1）触电危害防护措施

（1）培训工作人员掌握安全用电知识。

（2）严格要求激光设备的表壳接地良好，并定期检查整个接地系统是否真正接地。

（3）不准使用超容量保险丝和超容量保护电路断开器。

（4）检修仪器时注意首先用泄漏电阻给电容器放电。

（5）经常保持环境干燥。

2）防止有毒气体危害的安全措施

（1）激光设备的出光处必须配备足够初速的吸气装置，将加工有害烟雾及时吸掉、抽走并经活性碳过滤后排出室外。

（2）工作室要安排通风排气设备，抽走弥散在工作室内的残余有毒气体。

（3）平时保持工作室通风和干燥，加工场所应具备通风换气条件。

（4）场地排烟系统设计一般规则

① 排烟系统应安装在车间外部。

② 抽风设备应以严密的排风管连接,风管的安装路径越平顺越好。

③ 为避免震动,尽量不要使用硬质排风管连至激光加工设备。

3）防止噪声危害的安全措施

（1）采购低噪声的吸气设备。

（2）用隔音材料封闭噪声源。

（3）工作室四壁配置吸声材料。

（4）噪声源远离工作室。

（5）使用隔音耳塞。

4）防止爆炸危害的安全措施

（1）将电弧灯、激光靶、激光管和光具组元件封包起来,且具有足够的机械强度。

（2）正在连续使用中的玻璃激光管的冷却水不能时通时断。

（3）经常检查电解电容器,如有变形或漏油,则应及时更换。

5）防止火灾危害的安全措施

（1）安装激光设备(尤其是大电流离子激光设备)时,应考虑外电路负载和闸刀负载是否有足够容量。

（2）电路中应接入过载自动断开保护装置。

（3）易燃、易爆物品不应置于激光设备附近。

（4）在室内适当地方备有沙箱、灭火器等救火设施。

6）防止机械危害的安全措施

（1）设备部位不得有尖棱、尖角、锐边等缺陷,以免引起刺伤和割伤危险。

（2）在预定工作条件下,设备及其部件不应出现意外倾覆。

（3）激光系统、光束传输部件应有防护措施,并牢固定位,防止造成冲击和振动。

（4）设备的往复运动部件应采取可靠的限位措施。

（5）各运动轴应设置可靠的电气、机械双重限位装置,防止造成滑落的危险。

（6）联锁的防护装置打开时,设备应停止工作或不能起动,并应确保在防护装置关闭前不能起动。例如,成形室的门打开时,设备不能加工,以防止运动部件高速运行时造成冲撞的危险。

（7）在危险性较大的部位应考虑采用多重不同的安全防护装置,并有可靠的失效保护机制。如高温保护措施,光束终止衰减器、挡板、自动停机机构等光机电多重保护装置。

2

激光焊接产品质量判断及测量方法

2.1 激光光束主要参数与测量方法

2.1.1 激光光束参数基本知识

激光光束参数测量是激光加工生产中的基础工作,对产品质量有重要影响。

1. 激光光束参数

激光光束参数可以分为时域、空域和频谱特性参数三大类。

1) 激光光束时域特性参数

激光光束时域特性参数包括脉冲波形、峰值功率、重复功率、瞬时功率、功率稳定性等。对激光加工设备而言,激光的峰值功率是最为重要的时域特性参数,常常要自己测量。

2) 激光光束空域特性参数

激光光束空域特性参数包括激光光斑直径、焦距、发散角、椭圆度、光斑模式、近场和远场分布等。对激光加工设备而言,光斑直径、焦距和光斑模式是最为重要的空域特性参数,常常要自己测量。

3) 激光光束频谱特性参数

激光光束频谱特性参数包括波长、谱线宽度和轮廓、频率稳定性和相干性等。对激光加工设备而言,频谱特性参数由生产激光器的设备厂家提供,一般自己不做测量。

2. 激光光束空域特性参数概述

1) 高斯光束

理论和实际检测都证明,稳定腔激光器形成的激光束是振幅和相位都在变化的高斯光束,激光加工中,大多数情况下希望得到稳定的基模(TEM_{00})高斯光束,如图2-1所示。

2) 基模高斯光束传播规律

基模高斯光束光斑半径 r 会随传播距离 z 的变化按照双曲线规律变化,可以用发散角 θ

来描述高斯光束的光斑直径沿传播 z 方向的变化趋势,如图 2-2 所示。

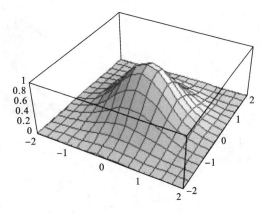

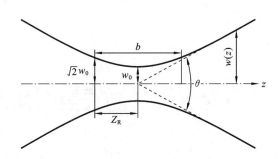

图 2-1　基模(TEM$_{00}$)高斯光束振幅示意图　　　　图 2-2　高斯光束传播示意图

当 $z=0$ 时,发散角 $\theta=0$,光斑半径最小,此时称为高斯光束的"束腰"半径,"束腰"半径小于基模光斑半径。

当 $z=$ 光束准直距离 Z_R 时,发散角 θ 数值最大。

当 $z=$ 无穷远时,发散角 θ 数值将趋于一个定值,称为远场发散角。

在许多激光器的使用手册上,可以查到某类激光器的半径基模光斑半径、准直距离,远场发散角 θ 等数据。

3）基模高斯光束聚焦强度

理论上可以证明,若激光光路中聚焦镜的直径 D 为高斯光束在该处的光斑半径 $w(z)$ 的 3 倍,激光光束 99% 的能量都将通过此聚焦镜聚焦在激光焦点上,获得很高的功率密度,所以,激光加工设备的聚焦镜直径不大,焦点处的激光光束功率密度却很高。

脉冲激光光束功率密度可达 $10^8 \sim 10^{13} / \mathrm{W} \cdot \mathrm{cm}^{-2}$,连续光束功率密度也可达 $10^5 \sim 10^{13}$ $\mathrm{W/cm^2}$,满足了材料加工对激光功率的要求。

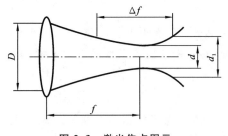

图 2-3　激光焦点图示

4）基模高斯光束焦点与焦深

激光光束经过透镜聚焦后,其光斑最小位置称为激光焦点,如图 2-3 中的 d 所示。焦点光斑直径 d 的数值可以由下式粗略计算:

$$d = 2f\lambda/D$$

式中:f 为聚焦镜片的焦距;D 为入射光束的直径;λ 为入射光束的波长。

由此可以看出,焦点的光斑直径 d 与聚焦镜焦距 f 和激光波长 λ 成正比,与入射光束的直径 D 成反比,减小焦距 f 有利于缩小光斑直径 d。但是 f 减小,聚焦镜与工件的间距也缩小,加工时的废气、废渣会飞溅、黏附在聚焦镜表面,影响加工效果及聚焦镜的寿命,这也是大部分激光加工设备要使用扩束镜的原因。

如果导光聚焦系统能设计为 $f/D \approx 1$,则焦点光斑直径可达到

$$d = 2\lambda$$

这说明基模高斯光束经过理想光学系统聚焦后,焦点光斑直径可以达到波长的两倍。

5）基模高斯光束聚焦深度

焦点的聚焦深度,是该点的功率密度降低为焦点功率密度一半时该点离焦点的距离,如图 2-3 中的 Δf 所示。聚焦深度 Δf 可以由下式粗略计算:

$$\Delta f = 4\lambda f^2 / \pi D^2$$

由此可以看出,聚焦深度 Δf 与激光波长 λ 和透镜焦距 f 的平方成正比,与入射到聚焦透镜表面上的光斑直径的平方成反比。

综合来看,要获得聚焦深度较深的激光焦点,就要选择较长焦距的聚焦镜,但此时聚焦后的焦点光斑直径也相应变粗,光斑大小与聚焦深度是一对矛盾,在激光加工时要根据具体要求合理选择。

3. 激光光束时域特性参数概述

1）脉冲激光波形和脉宽

图 2-4 所示的是重复频率为 1 Hz 时测量到的某一类灯泵浦脉冲激光器在调 Q 前和调 Q 后的激光波形。

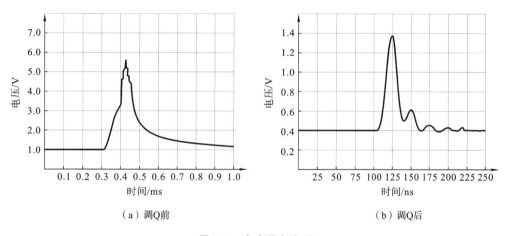

（a）调Q前 　　　　　　　　（b）调Q后

图 2-4　脉冲激光波形

重复频率是脉冲激光器单位时间内发射的脉冲数,如重复频率 10 Hz 就是指每秒钟发射 10 个激光脉冲。

脉冲激光器脉宽是脉冲宽度的简称,可以简单理解为每发射一个激光脉冲时激光脉冲持续的时间。激光脉冲脉宽因激光器的不同而不同,从图 2-4 可以看出,调 Q 前激光脉冲的持续时间约为 0.1 ms,调 Q 后激光脉冲的持续时间约为 20 ns,只相当于原来时间的1/5000,如果不考虑功率损失,调 Q 后的激光峰值功率提高了近 5000 倍。

脉冲激光器脉宽可以在很大范围内变化,长脉冲激光器脉宽大约在毫秒级,短脉冲激光器脉宽大约在纳秒级,超短脉冲激光器脉宽大约在皮秒和飞秒级。

各类脉冲激光器在工业部门都有不同的应用,如图 2-5 所示。

2）激光功率与能量

激光功率与能量是表明激光有无和强弱的两个相互关联的名词。

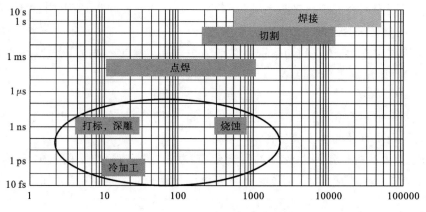

图 2-5　脉冲激光器的不同应用

脉冲激光器以重复频率发射激光,激光强弱以每个激光脉冲做功的能量大小来度量比较直观和方便,单位是焦耳(J),即每个脉冲做功多少焦耳。

连续激光器连续发光,激光强弱以每秒钟做功多少焦耳来度量比较直观和方便,单位是瓦(W),即单位时间内做功多少。

瓦和焦耳的关系是 1 W＝1 J/s,所以激光功率与能量是可以相互换算的。

例如,一台脉冲激光器的单次脉冲能量是 1 J/次,重复频率是 50 Hz(即每秒钟发射激光50 次),每秒钟内做功的平均功率为 50×1 J＝50 J,平均功率就换算为 50 W。

对脉冲激光器而言,计算每个激光脉冲的峰值功率更有实际意义,它是每次脉冲能量与激光脉宽之比。

例如,一台脉冲激光器的脉冲能量是 0.14 mJ/次,重复频率是 100 kHz(即每秒钟发射激光 10^5 次),每秒钟内做功的平均功率为 0.14 mJ×100 kHz＝14 J,平均功率为 14 W。若脉宽为 20 ns,峰值功率为 0.14 mJ/20 ns＝7000 W,可以看出,脉冲激光器的峰值功率要比平均功率大得多。

在激光加工设备的制造和使用中,有时既要计算脉冲激光的峰值功率,也要计算脉冲激光的平均功率。

例如,某台脉冲激光器所使用的 ZnSe 镜片的激光损伤阈值是 500 mW/cm²,脉冲激光器的脉冲能量是 10 J/cm²,脉宽为 10 ns,重复频率为 50 kHz,平均功率为 10 J/cm²×50 kHz＝0.5 mW/cm²峰值功率为 10 J/cm²/10 ns＝1000 mW/cm²,从激光器的平均功率看,该镜片是不会损伤的,但从峰值功率看是大于该镜片的激光损伤阈值的,所以该镜片不能用于此脉冲激光器。

4. 激光光束频谱特性参数概述

激光频谱特性参数包括波长、谱线宽度和轮廓、频率稳定性和相干性等,这在前面的激光知识中已经做了介绍,这里不再赘述。

激光频谱特性参数测量一般在科研院所研制新型激光器之类的工作中才可能用到,一般激光加工设备制造和使用厂家很少用到,这里不再赘述。

2.1.2　电光调 Q 激光器静/动态特性测量方法

1. 电光调 Q 激光器组成

利用电光调 Q 激光器,既可以测量时域激光光束参数中的脉冲波形和峰值功率,又可以测量空域激光光束参数中的激光光斑直径、焦距和光斑模式,是了解激光光束参数的极佳实训平台,电光调 Q 激光器器件组成如图 2-6 所示。

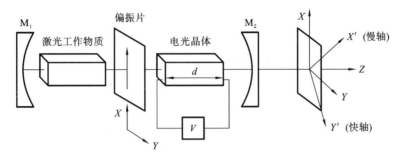

图 2-6　电光调 Q 激光器结构示意图

2. 电光调 Q 激光器的静态特性

YAG 晶体在氙灯泵浦下发光后,如果电光调制晶体(例如 KD*P)上未加电压 V,相当于普通的重复频率脉冲激光器。

此时若在半反镜 M_2 激光输出端装上光电二极管传感器与示波器,就可以测试该激光器调 Q 前的脉冲波形;再装上能量计测试出单脉冲能量,还可以计算调 Q 前单脉冲峰值功率,上述几个参数称为电光调 Q 激光器的静态特性。

3. 电光调 Q 激光器的动态特性

如果在电光调制晶体(例如 KD*P)上加上电压 V,激光器会进入电光调 Q 状态。在氙灯点燃时事先在调制晶体上加电压,使谐振腔处于"关闭"的低 Q 值状态,阻断激光振荡形成。待激光上能级反转的粒子数积累到最大值时,快速撤去调制晶体上的电压,使激光器瞬间处于"打开"的高 Q 值状态,就可以产生雪崩式的激光振荡,输出一个巨脉冲。

此时若在半反镜 M_2 激光输出端装上雪崩二极管传感器与示波器,就可以测试该激光器调 Q 后的脉冲波形,再装上能量计测试出单脉冲能量,就可以计算出调 Q 后单脉冲峰值功率,上述几个参数称为电光调 Q 激光器的动态特性。

4. 电光调 Q 激光光束特性测试系统简介

电光调 Q 激光光束特性测试系统如图 2-7 所示,光电二极管与示波器一路可以测试激光器静态特性,雪崩管探测器与示波器一路可以测试激光器静态特性,M 为半反半透镜。

5. 激光器静态特性测试过程

打开激光电源点亮氙灯,选择重复频率为 1,在不加 Q 电源的情况下,调整光电二极管探测器的位置与示波器的状态,可在示波器上观察到氙灯光波形,如图 2-8(a)所示,此时对应的

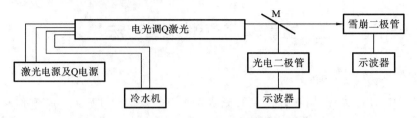

图 2-7 电光调 Q 激光光束特性测试系统示意图

工作电压约为 380 V。

加大工作电压,可以测试到激光器的出光阈值点,即激光器产生激光所需的最低电压值,如图 2-8(b)所示,此时对应的工作电压约为 400 V(不同激光器有所不同)。

继续加大工作电压,可观察到静态激光脉冲的弛豫振荡现象,如图 2-8(c)所示,此时对应的工作电压为 450 V。

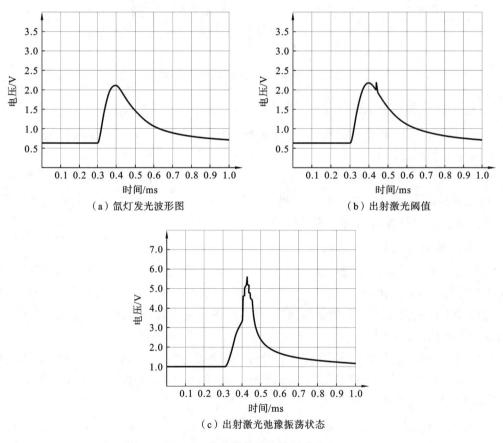

(a) 氙灯发光波形图

(b) 出射激光阈值

(c) 出射激光弛豫振荡状态

图 2-8 激光器静态特性测试结果

6. 激光器动态特性测试过程

1)调 Q 晶体关断电压调试

在激光器静态特性调试结果正常的状态下,给 KD*P 电光晶体加上电压并调节电压使静态激光波形完全消失。

微微调高激光器工作电压,观察静态激光波形,再次调节 KD * P 晶体电压使静态激光波形完全消失。

再次调节激光器工作电压,重复上述过程直到激光器工作电压无法再调高,此时 KD * P 晶体电压即为调 Q 晶体关断电压。

2) 调 Q 延迟时间

在激光关断的情况下,给出退压信号,此时激光以调 Q 脉冲方式输出。

使用激光能量计,调节退压信号延迟旋钮找出激光输出最大位置,此时即为调 Q 最佳延迟时间,此时可以通过示波器获得调 Q 激光器动态特性测试的波形图。

3) 激光器动态特性测试结果

用光电二极管与示波器测试到的激光调 Q 波形如图 2-9(a)所示,改用雪崩二极管与示波器测试到的激光调 Q 波形如图 2-9(b)所示。

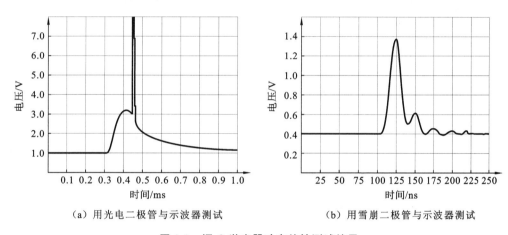

（a）用光电二极管与示波器测试　　　（b）用雪崩二极管与示波器测试

图 2-9　调 Q 激光器动态特性测试结果

可以看出,在最佳调 Q 延迟时间对应状态下,调 Q 激光脉冲脉宽约为 15 ns,缩小为未调 Q 激光脉冲脉宽的近 1/1000。

激光脉冲宽度在 5～100 ns 时,示波器的使用带宽要 100～500 MHz,最好是使用记忆示波器;激光脉冲宽度短到 1 ns 以下时,要使用高速电子光学条纹照相机,并采用双光子吸收荧光法和二次谐波强度相关法等测量技术。

2.1.3　激光束功率/能量测量方法

1. 激光功率/能量测量知识

1) 激光功率/能量测量方法

激光功率/能量的测量方法有两类,一种是采用光—热转换方式获取信号的直接测量法,另一种是采用光—电转换方式获取信号的间接测量法。

直接测量法中,激光功率/能量探头是一个涂有热电材料的吸收体,热电材料吸收激光能量并转化成热量,导致探头温度变化产生电流,电流再通过薄片环形电阻转变成电压信号传输出来,如图 2-10 所示。

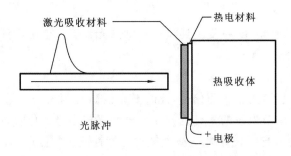

图 2-10 光一热激光功率/能量探头示意图

间接测量法中,选用光电式探头让激光信号转换为电流信号,再转化为与输入激光功率/能量成正比的电压信号完成能量的测量,如图 2-11 所示。此种方法探测灵敏度高、响应速度快、操作方便,因而市场占有率高。

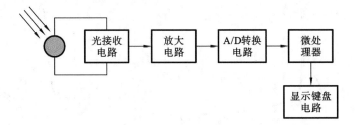

图 2-11 光一电激光功率/能量探头示意图

2)功率/能量测量方式

激光功率/能量测量的方式有两类,一类是连续激光功率测量,常用功率计测量激光功率,也可以用测量一定时间内的能量的方法求出平均功率;另一类是脉冲激光能量测量,常用能量计直接测量单个或数个脉冲的能量,也可以用快响应功率计测量脉冲瞬时功率,并对时间积分而求出能量。

激光功率/能量测量装置是由探头和功率计/能量计组成的,如图 2-12 所示。

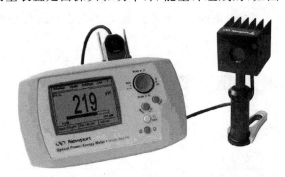

图 2-12 激光功率/能量计与探头的连接

功率/能量测量的区别只是使用了不同的功率/能量探头和功率计/能量计,如图 2-13 所示。

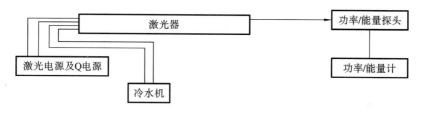

图 2-13　激光功率/能量测量方式

激光功率计探头有热电堆型、光电二极管型以及包含两种传感器的综合探头,激光能量计有热释电传感器和热电堆传感器探头。

探头选择取决于激光光束的类型及参数,例如,是连续激光还是脉冲激光,激光功率/能量范围是多少,激光光束波长范围是多少等,没有一款探头能适应所有的激光测试条件。

由于探头种类较多,可以通过厂商提供的筛选软件来选择使用合适的探头。为了避免强激光的损害,激光功率/能量测试时探头前还可以选配各种形式的衰减器。

2. 激光功率/能量测量技能训练

1) 测量探头选择方案

(1) 适用能量范围:选择探头首先应该考虑探头适用能量范围,热电探测器可工作在毫焦到上千焦耳能量级,热释电探测器工作在微焦到几百毫焦量级,光电探测器可以工作在微焦以下。

(2) 工作频率:热电探头适用于单脉冲激光测量,热释电探测器适用于低频重复脉冲激光测量,光电探测器适用于各种频率激脉冲激光测量。

(3) 光谱响应:热电和热释电探测器通常具有宽光谱响应,并在一定的波长范围保持一致,光电探测器会因激光波长而具有不同响应灵敏度。

(4) 激光损伤阈值:高功率连续激光和高峰值功率的短脉冲或重复频率的脉冲激光均会对探头造成损伤,激光功率/能量测量时需要同时考虑激光的峰值功率损伤和激光能量损伤,并且需对特定的测试进行激光功率或能量密度计算。

(5) 光斑直径:激光光斑直径与激光探头口径应当尽量对应。

2) 激光功率/能量计外观与界面功能简介

(1) 激光功率/能量计前面板主要按键功能,如图 2-14 所示。

(2) 激光功率/能量计实时主界面菜单,如图 2-15 所示。

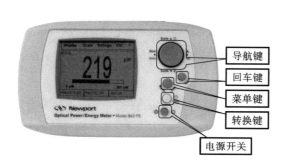

图 2-14　理波 842-PE 激光功率计前面板主要按键

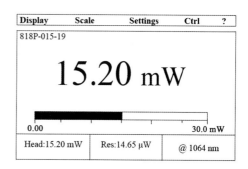

图 2-15　激光功率/能量计实时主界面菜单

（3）激光功率/能量计脉冲能量等级预置界面，如图 2-16 所示。

（4）激光功率/能量计参数设置下拉菜单界面，如图 2-17 所示。

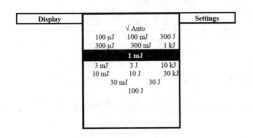

Display			Settings
	√ Auto		
100 μJ	100 mJ	300 J	
300 μJ	300 mJ	1 kJ	
	1 mJ		
3 mJ	3 J	10 kJ	
10 mJ	10 J	30 kJ	
	30 mJ	30 J	
	100 J		

Settings	Ctrl	?
Wavelength ▶	Save Settings	
Corrections ▶	Load Settings	
Data Sampling	Power Unit ▶	
Period Multiplier	Communication	
Trig Level (2.0%)	Fluence ▶	
Refer Values	Peak Power	

图 2-16　脉冲能量等级预置下拉菜单 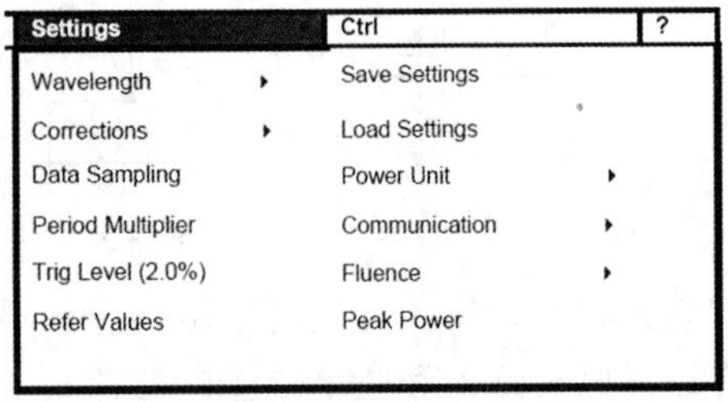　　　　图 2-17　设置下拉菜单界面

3）激光能量测量技能训练基本步骤

（1）开启激光能量计，预热，进入主界面，选定测试激光对应的波长，预置激光最大能量。

（2）能量计探测器对准激光出光口。

（3）选择激光设备重复频率，一般为 1 Hz，选择激光出光参数，测量激光单脉冲能量。

（4）记录单脉冲能量，计算给定脉宽下的激光峰值功率是否满足要求。

4）激光功率测量技能训练基本步骤

激光功率测量步骤与激光能量测量步骤基本一致。

（1）开启激光功率计，预热，进入主界面，选定测试激光对应的波长，预置激光最大功率。

（2）功率计探测器对准激光出光口。

（3）选择激光设备连续出光方式和出光参数，测量平均功率。

（4）记录各参数，完成激光功率的测试。

2.1.4　激光光束焦距确定方法

1. 激光光束焦点离聚焦镜的理论距离

在激光加工设备的光路系统中，激光光束焦点离聚焦镜的距离理论上可以由下式确定，如图 2-18 所示。

$$l_2 = f + (l_1 - f) \frac{f^2}{(l_1 - f)^2 + \left(\dfrac{\pi \omega_0^2}{\lambda}\right)^2}$$

式中：l_2 为激光焦点离聚焦镜的距离，即激光束焦距；f 为聚焦镜的焦距；ω_0 为激光束入射聚焦镜前的束腰半径；l_1 为光束入射聚焦镜前离聚焦镜的距离；λ 为激光束波长。

在通常情况下，由于 $l_1 > f$，所以激光光束焦点比聚焦镜的理论焦点远离一点，但数值上很接近，即 $l_2 \approx f$。

图 2-18　激光光束焦距示意图

（图中标注：聚焦镜、l_2）

2. 激光光束焦点位置的实际确认方法

在实际工作中通过下列方法确定激光光束焦点的位置。

1）定位打点法

把一张硬纸板放在激光头下，用焦距尺调整激光头到硬纸板高度，按激光按键发出脉冲激光，通过比较激光头不同高度打出点的大小找出最小点，此时的高度即为激光光束焦点。

从图 2-19（a）、图 2-19（b）可以看出，高度为 9 mm 时的激光斑点最小，此时的焦距为 9 mm。

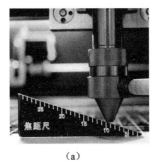
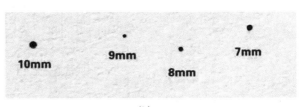

（a）　　　　　　　　　　　　　　　（b）

图 2-19　定位打点法示意图

2）斜面焦点烧灼法

将平直的木板斜放在工作台上，斜度为 $10°\sim20°$。确定加工起始点后，让工作台沿 x 轴（或 y 轴）连续水平移动一段距离，并让激光器连续输出激光，这时可以看到木板上有一条从宽变窄又从窄变宽的激光光束的烧灼痕迹，痕迹最窄处即为焦点位置，测量在这个位置的木板距离镜片的距离就是实际的激光光束焦点位置，如图 2-20 所示。

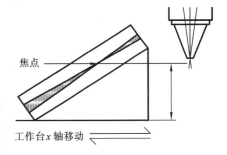

图 2-20　斜面焦点烧灼法示意图

2.1.5　激光光束焦深确定方法

光轴上某点的光强度降低至激光焦点处光强的一半时，该点至焦点的距离则为光束的聚焦深度，有

$$z=\frac{\lambda f^2}{\pi w_1^2}$$

式中：λ 为激光波长；f 为会聚镜焦距；w_1 为光束入射到聚焦透镜表面的光斑半径。由上式可见：聚焦深度与激光波长 λ 和透镜焦距 f 的平方成正比，与入射到聚焦透镜表面上的光斑半径的平方成反比。

例如，在深孔激光加工以及厚板的激光切割和焊接中，要减少锥度，均需要较大的聚焦深度。

2.2 激光焊接产品质量判断及测量方法

2.2.1 激光焊接产品质量概述

1. 影响激光焊接产品质量的因素

影响激光焊接产品质量的因素非常多,主要影响因素如图 2-21 所示。

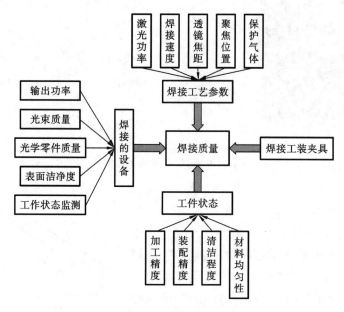

图 2-21 影响激光焊接产品质量的主要因素

1)工艺参数

影响焊接质量的焊接工艺参数主要有激光功率、焊接速度、透镜焦距、聚焦位置、保护气体等。其中,激光功率和焊接速度是影响焊接质量的最主要参数。焊件厚度取决于激光功率,约为功率(kW)的 0.7 次方,通常功率增大,焊接深度增加,速度增加,熔深变浅,焊缝和热影响区变窄,生产率增高。过高的焊接速度与焊接功率将增大出现气孔和孔洞的概率。

2)工装夹具

在激光焊接过程中,焊接工装夹具的作用主要是将焊接工件准确定位和可靠夹紧,便于焊接工件进行装配和焊接,保证焊接结构精度,有效地防止和减轻焊接热变形。

3)焊接设备

激光器对焊接质量的主要影响因素是光斑模式和输出功率的稳定性。

光斑模式阶数越低,光束质量越好,光斑越小,相同激光功率下激光功率密度越高,焊接深宽比越大。这时的激光器输出功率稳定性越好,焊接一致性越好。

构成导光和聚焦系统的光学零件在大功率激光作用下透过率下降,产生热透镜效应。如果光学零件上有表面污染,会增加传输损耗甚至可能导致光学零件的损坏。

图 2-22 所示的是光束模式对焊接熔深影响示意图,图 2-23 所示的是功率密度对熔深影响示意图。

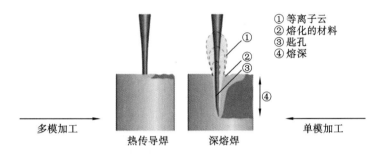

① 等离子云
② 熔化的材料
③ 匙孔
④ 熔深

多模加工　　热传导焊　　深熔焊　　单模加工

图 2-22　光束模式对焊接熔深影响示意图

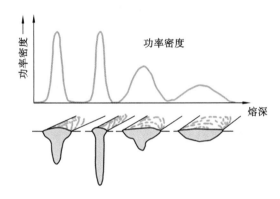

图 2-23　功率密度对熔深影响示意图

4) 工件状态

(1) 焊接工件加工及装配精度:如果工件装配间隙过大,光束会穿过间隙无法熔化母材,或者引起明显的咬边、凹陷,因此焊接板材对接装配间隙和光斑对缝偏差均不应大于 0.1 mm,错边不应大于 0.2 mm。

(2) 焊接工件材料均匀性:材料的均匀性是指物质的一种或几种特性具有同组分或相同结构的状态,影响材料均匀性的因素有合金成分的分布、材料厚度等。合金元素的种类和含量本身就对焊接质量存在影响,其分布的均匀性直接影响到焊缝的一致性。例如,焊接铝合金材料时,由于合金元素的分布不均匀,或者内部存在杂质的含量不同,容易出现炸孔、咬边及凹陷等焊接缺陷。

综合以上的分析,要确保焊接质量,一方面需采用光束质量好和激光输出功率稳定的激光器,采用高质量、高稳定性的光学元件组成其导光聚焦系统,并经常维护,防止污染,还需要对工作做适当的预处理;另一方面要确保工件的加工精度和装配精度,并且针对不同的加工材料设定不同的激光加工参数,选择合适的激光功率、焊接速度、激光波形、离焦量和保护气体,根据不同焊接效果优化加工参数,提高激光焊接质量的可靠性和稳定性。

2. 评价激光焊接产品质量标准

评价激光焊接产品质量的相关标准主要有《金属材料熔化焊的质量要求》(ISO 3834—3: 2005),《激光焊接工艺指南标准》(JB/T 11063—2010)等,如图 2-24 所示。

图 2-24 评价激光焊接产品质量的相关标准

3. 焊缝缺陷及其分类

焊缝缺陷主要有各种外观缺陷,焊接裂纹、未焊透、夹渣、气孔等内部缺陷,以及其他缺陷。其中危害最大的是焊接裂纹和气孔。如图 2-25、图 2-26、图 2-27 所示。

1) 外观缺陷

外观缺陷是指不必借助于仪器仅用人眼就可以在工件表面发现的缺陷,如图 2-25(a)、图 2-25(b)、图 2-25(c)所示。

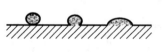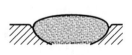

（a）焊接飞溅　　　　（b）焊瘤　　　　（c）咬边

图 2-25 焊缝外观缺陷示例

(1) 焊接飞溅:激光焊接完成后多余金属颗粒附着于材料或工件表面的现象。

原因:材料或工件表面未清洗,存在油渍或污染物。

对策:激光焊接前清洗材料或工件。

(2) 焊瘤:焊缝中的液态金属流到加热不足、尚未熔化的母材上或从焊缝根部溢出,冷却后形成的未与母材熔合的金属瘤即为焊瘤。

原因:激光焊接能量过高、焊接速度过低,以及焊缝或焊缝位置不合理都可能造成这种缺陷。

对策:选用合适的激光能量、焊接速度和焊接位置。

(3) 咬边:指的是激光将焊缝边缘的母材熔化后没有得到熔敷金属的充分补充、冷却而形成的缺口,咬边会造成应力集中进而可能发展为裂纹源。

2）内部缺陷

（1）气孔：指焊接熔池中的气体未在金属凝固前逸出，残存于焊缝之中所形成的空穴，如图 2-26（a）所示。

气孔降低了焊缝的强度，会引起泄漏和应力集中，还会促成冷裂纹。

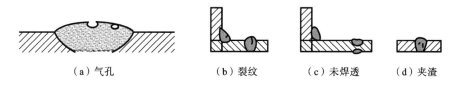

（a）气孔　　　（b）裂纹　　　（c）未焊透　　　（d）夹渣

图 2-26　焊缝内部缺陷示例

（2）裂纹：焊缝中产生的缝隙称为裂纹，根据裂纹尺寸大小可分为肉眼可见的宏观裂纹、在普通显微镜下才能发现的微观裂纹和在高倍数字显微镜下才能发现的超显微裂纹三类，如图 2-26（b）所示。

（3）未焊透：指母材金属未熔化、焊缝金属没有进入接头根部的现象，如图 2-26（c）所示。

原因：焊接熔深浅、坡口和间隙尺寸不合理。

对策：使用较大电流、合理设计坡口。

（4）夹渣：指焊后熔渣残存在焊缝中的现象，如图 2-26（d）所示。

3）其他缺陷

（1）未熔合：未熔合是指焊缝金属与母材金属，或焊缝金属之间未熔化结合在一起的缺陷，危害性仅次于裂纹，如图 2-27（a）所示。

（2）烧穿：焊接时熔化金属自焊缝背面流出并脱离焊道而形成穿孔的现象称为烧穿，如图 2-27（b）所示。烧穿是严重的焊接缺陷。激光能量过大、焊接速度过小都可能出现烧穿缺陷，焊接薄板时最容易出现这种焊接缺陷。

（3）塌陷：焊接时熔化的金属从背面凸出，使焊缝正面下凹的现象称为塌陷，如图 2-27（c）所示。塌陷也是比较严重的焊接缺陷。焊接厚板时，熔池过大，固态金属对熔化金属的表面张力不足以承受熔池金属重力的作用，从而容易形成熔池下沉，导致塌陷。

（a）未熔合　　　（b）烧穿　　　（c）塌陷

图 2-27　焊缝其他缺陷示例

焊缝缺陷还有许多类，如未焊满、几何尺寸不合格、变形严重、焊缝超差、焊缝发黑、表面不光滑等，我们可以查找专业焊接手册确认，这里不再叙述。

4. 激光焊缝验收项目

（1）机械性能指标：包括抗拉强度、硬度等指标。

（2）公差尺寸指标：尺寸公差和形状位置公差。

（3）密封性能要求：焊缝经过水密封测试，满足淋雨试验要求。

（4）外观特性要求：焊缝均匀、光顺、平滑、美观。

2.2.2 产品尺寸误差测量方法

激光焊接尺寸精度一般在微米至毫米量级之间。

使用游标卡尺就可以满足绝大部分激光焊接产品的尺寸精度测量，游标卡尺的外形和刻度正确读法如图 2-28、图 2-29 所示。

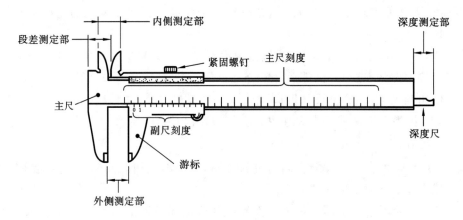

图 2-28　游标卡尺外形示意图

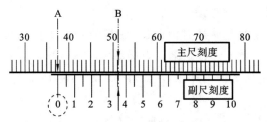

① 读取副尺刻度的0点在主尺刻度的数值
　⇒ 主尺刻度 37 mm～38 mm 之间 … A的位置＝37 mm

② 主尺刻度与副尺刻度成一条直线处，读副尺刻度
　⇒ 副尺刻度 3～4之间的线 … B的位置＝0.35 mm

37.0　mm
＋　0.35　mm
37.35 mm

图 2-29　游标卡尺刻度读法示意图

微米量级尺寸精度可以用千分尺测量，千分尺的外形和刻度正确读法如图 2-30、图 2-31 所示。

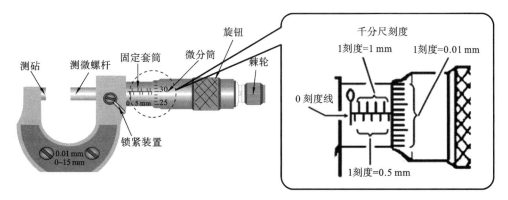

图 2-30 千分尺外形示意图

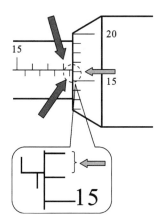

① 读取固定套管0基准线上的刻度
  ⇒ 18 mm
② 读取固定套管0基准线下0.5 mm单位的刻度
  ⇒ +0.5 mm
③ 读取0基准线下(或重叠)的微分筒的刻度
  ⇒ +0.16 mm
④ 读取固定套管0基准线与微分筒交叉部的估值
  ⇒ +0.002 mm

千分尺刻度读数为

	18	mm
	0.5	mm
	0.16	mm
+	0.002	mm
	18.662	mm

图 2-31 千分尺刻度读法示意图

3

激光焊接基础知识与技能训练

3.1 激光焊接机基本操作技能训练

3.1.1 激光焊接机选型

1. 激光焊接机激光器

激光焊接机用激光器有光纤、盘片、CO_2、YAG 及大功率半导体激光器等多种类型。选择哪一种激光器进行焊接要考虑焊接材料、焊接头几何形状、焊接速度、形位公差及费用预算等各种因素,不同激光器的参数比较如表 3-1 所示。

表 3-1 不同激光焊接机用激光器参数比较

	光纤激光器	盘片激光器	CO_2 激光器	YAG 激光器	半导激光器
波长(μm)	1.07	1.03	10.6	1.06	0.9~1.03
光电转换效率(%)	30	15	~10	~3	~70
最大输出功率(kW)	50	16	20	6	10
BPP(4/5 kW)	<2.5	8	6	25	40
设备尺寸(4/5 kW)	<1 m²	>4 m²	>3 m²	>6 m²	<0.5 m²
光纤传输	能	能	否	否	能
机动性	高	低	低	低	高
维护间隔(h)	>30000	500	>25000	1000	500

2. 按熔深大小选择激光器类型

对产品比较单一的用户而言,按焊缝熔深大小选择激光器比较简单直观,习惯上焊缝熔深可分为小于 0.25 mm、0.25~0.75 mm 和大于 0.75 mm 三个等级。

1）小于 0.25 mm 焊缝熔深

焊接焊缝熔深小于 0.25 mm 的产品,主要采用 YAG 激光器和光纤激光器。

（1）YAG 激光器:YAG 激光器峰值功率时可以产生光点尺寸大于 1000 μm 的焊接光斑,激光器光斑尺寸、脉冲宽度以及峰值功率等参数的可调整范围都比较大,经过调节和优化后几乎可以满足各种焊接需求,是薄板焊接的首要选择。

（2）光纤激光器:光纤激光器一般工作在连续状态,聚焦后光斑尺寸可以小于 25 μm,从而获得焊接所需要的高功率密度,主要用于对焊点要求高的薄板材料搭焊中。随着高功率光纤激光器价格下降,光纤激光器的用途越来越广。

2）焊缝熔深 0.25～0.75 mm

焊接焊缝熔深为 0.25～0.75 mm 的产品,采用 YAG 激光器和光纤激光器,但是加工范围受到影响。例如,YAG 激光器适用于点焊加工,光纤激光器在对焊和角焊中的效果会变差,相对而言,YAG 激光器的性价比相对较高。

功率在 500～800 W 之间的半导体激光器的加工速度虽然比光纤和碟式激光器的慢,但允许焊接焊缝的加工误差较大,降低了焊前准备工作的要求。

3）焊缝熔深大于 0.75 mm

焊接焊缝熔深大于 0.75 mm 的产品时,光纤、CO_2、碟式和半导体激光器都可以选择使用。

YAG 激光器熔深可达 15 mm,其他类型激光器可以达到 6.35 mm 以上,甚至超过 12.7 mm。

3.1.2 激光焊接机基本操作技能训练

1. 基本操作信息收集

1）开关机操作流程

不同厂家的激光焊接机开关机操作流程大同小异,我们以联赢激光三维工作台（UW-150 A）YAG 脉冲激光焊接机为例,简要描述激光焊接机开关机操作流程,如图 3-1 所示。

（1）开机前准备工作包括如下内容。

① 检查机器工作台面是否有可能导致碰撞激光头部件的物品。

② 如果需要使用保护气,检查保护气管路是否打开。

③ 检查冷水机是否打开。

④ 检查输入、输出电压是否正确。

⑤ 查看激光器控制面板、工作台报警指示灯、焊接机软件等部件是否有报警显示。

⑥ 查看各处水管、气管是否存在跑、冒、滴、漏的现象。

⑦ 机器回原点时观察机械部分运行是否正常。

⑧ 检查激光工作是否正常。

⑨ 如果使用同轴吹气,检查激光是否处于吹气铜嘴的中心点。

⑩ 检查吹气铜嘴、保护玻璃是否干净。

图 3-1　联赢激光三维工作台 UW-150A 激光焊接机

（2）开机步骤如下。

① 打开焊接机电源总开关,再旋转激光器操作面板上的急停开关,然后打开激光器电源开关,这时激光器控制面板显示屏点亮,如图 3-2(a)所示。

（a）步骤①　　　　　　　（b）步骤②　　　　　　　（c）步骤③

图 3-2　开机步骤

② 将激光器操作面板左下方的钥匙开关向右旋转至打开状态,按下起动按钮,这时激光器控制面板显示屏显示远程开关未打开。如果显示的是其他状态,如急停未打开、钥匙开关未打开等,请检查相应的开关是否在开机相应状态,如图 3-2(b)所示。

③ 旋转工作台急停开关,将工作台操作面板上的钥匙开关向右旋转打开,如图 3-2(c)所示。上述工作完成后,激光器控制面板显示屏将显示自检完成,进入面板"主菜单"界面,如图 3-3 所示。在"主菜单"界面按"上"和"下"键可以选择相应项目。

④ 如果使用 CNC 运动控制系统控制焊接加工过程,工控机开机完成后打开焊接软件。

⑤ 在控制面板显示屏将光标移动到【系统工作状态】,按【确定】键,进入【系统工作状态】界面,如图 3-4 所示。

⑥ 按动光标调节按钮的"上"、"下"键移动到【高压 OFF】位置,点击下方【＋】键,【高压 OFF】将变为【高压 ON】,按下【确定】键。【HIGH VOLTAGE】黄灯持续几秒钟后,【READY】绿灯点亮,激光器泵浦灯点燃完成。

主　菜　单

1. 初始参数设定
2. 系统工作状态
3. 焊接波形数据
4. 激光调试模式
5. 缝焊波形设定
6. 故障记录查询

图 3-3　控制面板"主菜单"界面功能示意图

```
S1:OFF    S2:OFF    S3:OFF    S4:OFF
              系统工作状态
软件版本:UW-300A-C-V5.1.4T
         UW-Serial-M-V3.0.0

控制模式:MBOX          现在水温:30℃
击发总数:000012345     正品总数:000001234
总数上限:999999999     正品上限:999999999
总数清零:OFF           反馈方式:能量
高　　压:OFF           对 比 度:24
调 整 光:OFF           主 快 门:OFF
机器编号:00            出光延时:001 ms
```

图 3-4　系统工作状态设置示意图

⑦ 在系统工作状态界面将【主光闸 OFF】变为【主光闸 ON】,点击屏幕左上方 S1 后面的【OFF】使之变为【ON】,按下【确定】键,则主光闸和分光闸打开。

⑧ 回到主界面,点击进入【焊接波形数据】界面(有的设备为【激光焊接参数】)设置需要的激光参数,如图 3-5 所示。

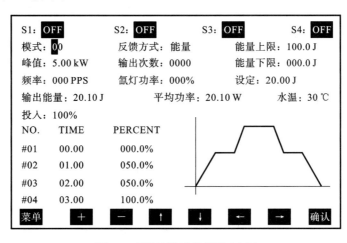

图 3-5　【焊接波形数据】示意图

⑨ 确定焦点位置,并设置焊接所需离焦量。

⑩ 调整气体保护装置、CCD 显示装置等。

⑪ 进行激光焊接操作。

(3)关机步骤:依次关掉激光高压、激光器电源、工控机、工作台电源、给气、排风、总电源。

2)焊接工艺参数

影响焊接质量的焊接工艺参数主要有激光输出功率、焊接速度、激光脉冲波形、脉冲宽度、离焦量和保护气体。

(1)激光输出功率、焊接速度对熔深的影响:图 3-6 中的曲线 1、曲线 2、曲线 3 是焊接速度

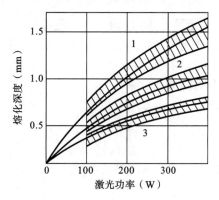

**图 3-6　激光焊接不锈钢时功率与焊接
速度、熔化深度的关系**

分别为 1 mm/s、3 mm/s、10 mm/s 时的熔化深度曲线。我们可以看出,在一定的激光功率下,提高焊接速度,则热输入下降,焊接熔深减小。对于不同的激光功率密度,要达到要求的熔化深度需选择不同的焊接速度。

(2)激光脉冲波形对焊接质量的影响:激光脉冲波形主要有脉冲激光器常用的脉冲波形和连续焊接时的缝焊波形。

焊接铜、铝、金、银等高反射材料时,为了突破高反射率的屏障,可以利用带有前置尖峰的激光波形,如图 3-7(a)所示。但是,带有前置尖峰的激光波形在高重复率缝焊时容易产生飞溅,形成不规则的孔洞,可以采用梯形激光波形来克服,如图 3-7(b)所示。

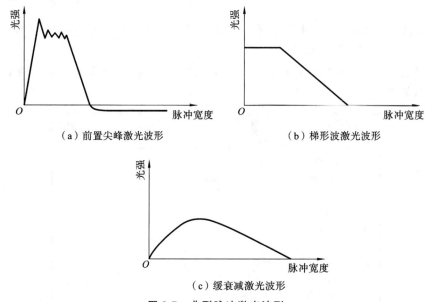

(a)前置尖峰激光波形　　　　　　　(b)梯形波激光波形

(c)缓衰减激光波形

图 3-7　典型脉冲激光波形

焊接铁、镍等表面反射率低的金属,宜采用矩形波或缓衰减波形的激光波形,如图 3-7(c)所示。

(3)连续焊接时的缝焊波形:连续焊接的缝焊波形就是激光功率随焊接时间变化的曲线。在焊接材料要求密封时波形激光功率应缓慢上升,结束时缓慢下降,减小结尾处出现的凹坑程度,如图 3-8 所示。

(4)激光脉冲宽度对焊接质量的影响:激光脉冲宽度决定材料是否熔化,为了保证激光焊接中材料表面不出现强烈气化,一般假定在脉冲终止时材料表面温度达到沸点。脉宽越长,焊点直径越大,在工作距离相同时,熔深越深。

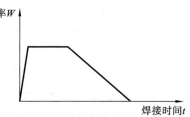

图 3-8　连续焊接时的缝焊波形

（5）离焦方式与离焦量：激光焊接时通常需要一定的离焦量，因为激光焦点处即光斑中心的功率密度过高，容易蒸发成孔，而在离开激光焦点的各平面上，功率密度分布相对均匀。

离焦方式有正离焦和负离焦两种，焦平面位于工件上方为正离焦如图 3-9（a）所示，反之为负离焦，如图 3-9（c）所示。焊接薄材料时宜采用正离焦方式，需要较大熔深时宜采用负离焦方式。

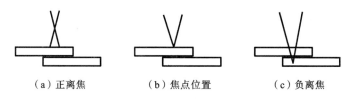

（a）正离焦   （b）焦点位置   （c）负离焦

图 3-9　离焦方式示意图

在一定的激光功率和焊接速度下，当焦点处于最佳焊接位置范围内时，可以获得最大熔深和好的焊缝形状。

（6）保护气体：保护气体的种类、气体流量及吹气方式是影响焊接质量的重要焊接工艺参数。

常用的保护气体有氮气 N_2、氩气 Ar、氦气 He 以及氩气和氦气的混合气体。通常情况下，焊接碳钢时宜采用 Ar，焊接不锈钢时宜采用 N_2，焊接钛合金时宜采用 He，焊接铝合金时宜采用 Ar 和 He 的混合气体。

气体流量的大小需根据实际焊接情况而定。在采用大功率连续激光器焊接时，采用的气流量通常较采用脉冲激光器焊接时的气流量大。

吹气方式分为侧吹和同轴吹两种。小功率焊接时可采用同轴吹气，大功率连续焊接时建议采用侧吹方式。

2. 激光焊接机基本操作实战技能训练

（1）完成激光焊接机基本操作过程，填写工作记录表 3-2。

表 3-2　激光焊接机基本操作工作记录表

训练步骤	工作内容	工作记录
开机操作	开启总电源	
	冷水机开机操作	
	焊接机主机开机操作（包括激光器开机、工作台开机、工控机开机等）	
	排气系统开启操作	
	保护气管路开启操作	
焊接参数设置及出光操作	峰值功率设置操作	
	脉宽波形设置操作	
	出光频率设置操作	
	点焊参数设置及出光操作	
	离焦量设置操作	
	保护气选择及参数调试	

训练步骤	工 作 内 容	工 作 记 录
关机操作	焊接机主机关机(包括激光器关机、工作台关机、工控机关机等)操作	
	冷水机关机操作	
	保护气管路关闭操作	
	排气系统关闭操作	
	关闭总电源	

(2) 进行激光焊接机基本操作过程评估,填写表 3-3。

表 3-3　激光焊接机基本操作技能训练过程评估表

工作环节	主 要 内 容	配分	得分
开机操作(30 分)	开启总电源操作正确	5	
	冷水机开机操作正确	5	
	焊接机主机开机操作正确	10	
	排气系统开启操作正确	5	
	保护气管路开启操作正确	5	
焊接参数设置及出光操作(30 分)	峰值功率设置操作正确	5	
	脉宽波形设置操作正确	5	
	出光频率设置操作正确	5	
	点焊参数设置及出光操作正确	5	
	离焦量设置操作正确	5	
	保护气选择及参数调试正确	5	
关机操作(30 分)	焊接机主机关机操作正确	10	
	冷水机关机操作正确	5	
	保护气管路关闭操作正确	5	
	排气系统关闭操作正确	5	
	关闭总电源操作正确	5	
现场规范(10 分)	人员安全规范	5	
	设备场地安全规范	5	
合计		100	

1. 注重安全意识,严守设备操作规程,不发生各类安全事故。

2. 注重成本意识,保证设备完好无损,尽可能节约训练耗材。

3.2　焊接编程知识与技能训练

3.2.1　激光焊接软件基础知识

1. 激光焊接软件概述

激光焊接机控制系统的主要控制对象是激光器和工作台。目前市场上广泛应用的工作台式激光焊接机，主要使用基于CNC2000数控软件开发的焊接软件来控制工作台的运动及激光器出光，也有部分设备使用PLC来实现控制工作台的运动及激光器出光，振镜式激光焊接机则主要使用振镜控制软件来控制工作台的运动及激光器出光。

2. 基于CNC2000的激光焊接软件知识案例

1）软件操作界面简介

图3-10所示的是某公司基于CNC2000的激光焊接软件操作界面，我们以此来介绍激光焊接软件编程技能训练的主要方法和技能。

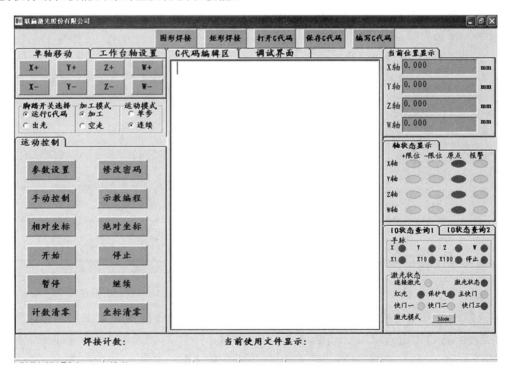

图3-10　基于CNC2000的激光焊接软件操作界面示意图

2）【单轴移动】区域功能介绍

单轴移动区域按钮用于手动移动各轴位置，如图3-11所示。

把光标移至【X＋】，然后按下鼠标左键，X 轴正向移动，松开鼠标左键 X 轴运动停止；把光标移至【X－】按下鼠标左键，X 轴反向移动；松开鼠标左键 X 轴运动停止。把光标移至【Y＋】按下鼠标左键，Y 轴正向移动，松开鼠标左键 Y 轴运动停止；把光标移至【Y－】按下鼠标左键，Y 轴反向移动，松开鼠标左键 Y 轴运动即停止。

Z 轴和 W 轴如此类推，W 轴一般表示旋转轴。

3)【加工模式】区域功能介绍

图 3-11　单轴移动界面示意图　　　图 3-12　加工模式区域功能示意图

【加工模式】区域功能如图 3-12 所示，系统默认选项为【加工】模式。在焊接程序运行过程中，选择【空走】选项，程序运行过程中激光机将不出光，用户可预览加工动作，如果发现错误可及时修改；选择【加工】选项，程序将按照所编 G 代码完整运行。

4)【运动控制】区域功能介绍

运动控制区域功能如图 3-13 所示，我们逐一介绍。

(1)【参数设置】功能：点击【参数设置】按钮，系统将自动弹出如图 3-14 所示对话框。如需设置参数请输入正确的密码，否则按下【取消】退出。密码输入完毕按下【确定】，系统将自动弹出如图 3-15 所示的界面。

图 3-13　运动控制区域功能示意图

图 3-14　输入密码选项

(2)【修改密码】功能：点击【修改密码】按钮，系统将自动弹出如图 3-16 所示对话框。根据对话框提示，首先输入原用户密码，输入完成请按【下一步】，如果输入原密码正确，系统将提示【请输入新密码】，否则将提示【密码错误，请重新输入】。

新密码输入完成后请继续按【下一步】，系统将提示【请重新输入新密码】，重新输入新密码完成后，请点击【完成】如果两次输入密码相同，系统将提示【修改密码成功】，否则系统将提示【两次输入密码不一致，请重新输入】。

(3)【手动控制】功能：点击【手动控制】按钮，系统将自动弹出如图 3-17 所示界面。

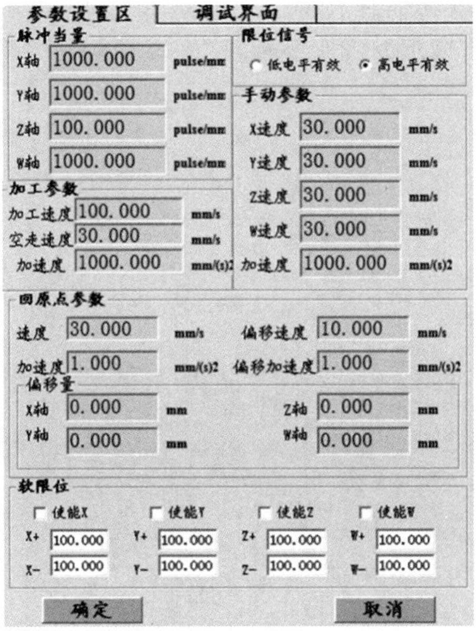

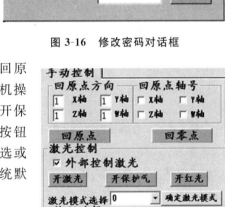

图 3-15 参数设置功能示意图

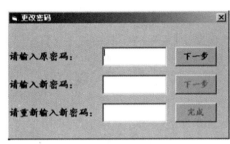

图 3-16 修改密码对话框

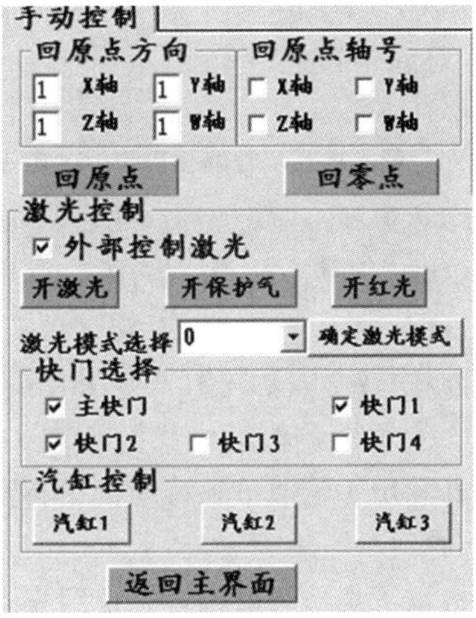

【手动控制】界面中可手动实现各轴的回零或回原点,勾选【外部控制激光】可实现连接与断开激光主机操作,按下【开激光】按钮可实现开关激光操作,按下【开保护气】按钮可实现开关保护气操作,按下【开红光】按钮可实现开关红光操作。在【快门选择】区域,通过勾选或否选每个快门选项,实现各快门的打开与关闭,系统默认打开【主快门】与【快门 1】。

在【汽缸控制】区域可实现每个汽缸的单独打开与闭合动作,如【汽缸 1】初始状态处于闭合状态,按下【汽缸 1】按钮,该按钮将呈现【汽缸 1 开】状态,表示汽缸 1 打开,再按下该按钮,按钮将呈现【汽缸 1】状态,表示【汽缸 1】闭合。

(4)【示教编程】功能:激光焊接中主要轨迹有点焊、直线缝焊、旋转焊接、曲面焊接等几种,这些轨迹都需要通过输入编写 CNC 程序的方式才能实现。

图 3-17 手动控制界面

激光焊接编程有示教编程和离线编程两种方式。

示教编程中,操作人员通过外形如图 3-18 所示的电子手轮(手摇脉冲发生器)控制工作台/机械手运动到预定位置,同时记录该位置坐标,并传递到控制器中,工作台/机械手可根据指令自动重复该动作,操作人员可以选择不同的坐标系对工作台/机械手进行示教。

示教编程操作简单,对软件及操作者的要求不高,应用最广。

离线编程是通过软件在电脑里重建整个工作场景的三维虚拟环境,然后软件根据要加工零件的大小、形状、材料,同时配合软件操作者的操作自动生成工作台/机械手的运动轨迹,即控制指令,然后在软件中仿真与调整轨迹,最后生成程序传输给工作台/机械手。

点击【示教编程】按钮,系统将自动弹出如图3-19所示的操作界面。

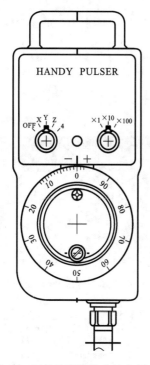

图 3-18　示教编程操作中的电子手轮

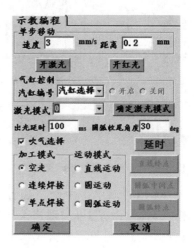

图 3-19　示教编程操作界面

在界面中可预先示教所需焊接产品的焊接动作,系统将以 G 代码自动记忆各动作。

【运动模式】示教编程中可实现直线运动、圆运动和圆弧运动三种模式。

【加工模式】有【空走】(工作台按轨迹运动,激光机不出光)、【连续焊接】(对所走轨迹全部焊接)、【单点焊接】(对应于直线运动,加工时仅焊接直线终点一个点)三种模式。

①【直线运动】模式的示教编程:在【运动模式】栏选择【直线运动】,然后选择【加工模式】,利用手轮或单轴移动按钮将激光头移动到需焊接直线的终点位置,点击【直线终点】按钮,直线示教编程完成。

以下是从当前位置空走到终点坐标为(9.897,9.023)点的 G 代码:

G90

F30

G00 x9.897 y9.023;

②【圆及圆弧运动】模式示教编程:圆及圆弧运动模式的示教编程采用三点定圆的方式确定需焊接圆的圆心及半径。确定三个点的方式如下。

以当前点为"三点"中的第一个点,利用手轮或单轴移动按钮将焊接头移动到需焊接圆(圆弧)上的一点作为"三点"中的第二个点,点击【圆弧中间点】按钮,再利用手轮或单轴移动按钮将焊接头移动到需焊接圆(圆弧)上的另一个点作为"三点"中的第三个点,点击【圆弧终点】按钮,圆(圆弧)运动的示教编程完成。

以下是以(0.000,0.000)为起点,以(5.320,4.588)为圆心,以 7.025 为半径焊接一个整圆的 G 代码：

G90	//走绝对坐标
F30	//设置加工速度
M22	//开保护气
G04 T100；	//延时 100 ms
M07	//开激光

G02 x0.000 y0.000 I5.320 J4.588 C360.000 R7.025；

③【多工位焊接】示教编程：多工位焊接工作台的开机默认工位为第一工位（即初始工位），如果第一工位焊接完成后需对第二工位焊接轨迹进行编程，在【工位选择】区域点击下拉框选择工位 2，再按下【工位确定】按钮（没有选择工位，该按钮将不可用），旋转轴将自动旋转到第二工位，系统自动生成运行到该工位的 G 代码（如工位 2 系统生成 G 代码为：M62）。

5)【G 代码编辑区】区域功能介绍

在此区域，用户可保存、修改 G 代码程序。可参考 G 代码对照表和板卡 I/O 对照表进行相应的程序编写。

3.2.2　*X-Y* 平面焊接示教编程知识与技能训练

1. *X-Y* 平面焊接轨迹编程信息收集

1) *X-Y* 平面焊接轨迹案例

图 3-20 所示的是手机电池极片和壳盖激光焊接时的焊缝和实物示意图，可以看出，*X-Y* 平面焊接轨迹包括了点、线、圆弧和圆等基本要素。

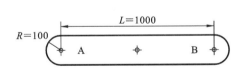

图 3-20　手机电池极片和壳盖焊缝和实物示意图

2) 点焊轨迹示教编程知识

(1) 点焊轨迹示教编程过程：转动电子手轮移动焊接头到运动起始点，然后坐标清零；进入示教编程界面，加工模式选择【单点焊接】项，运动模式选择【直线运动】项，通过手柄移动焊接头到待焊点，点击直线终点；然后移动到下一个待焊点位置，点击直线终点；重复上一步操作，依次记录需要焊接的焊点；最后点击【确定】。进入加工模式界面，选择【空走】项，然后点击【工位—启动】或者按工作台【工位—绿色运行】按钮，空走程序，观察轨迹是否正确。在加工模式界面选择【加工】项，点击【工位—启动】或者按工作台【工位—绿色运行】按钮进行加工。

(2) 点焊轨迹示教编程程序案例：表 3-4 所示的是一个四点点焊示教编程程序，四点点焊完整案例示意图如图 3-21 所示。

表 3-4　点焊示教编程程序

序号	程序	功能说明	序号	程序	功能说明
1	G90		14	M07	开激光
2	F3		15	G00 x0.876 y0.852	
3	M52		16	M22	开保护气
4	M64		17	G04 T100;	
5	M08	关激光	18	M07	开激光
6	M24	关保护气	19	G00 x-0.828 y0.852;	
7	G00 x0.000 y0.000 z0.000;		20	M22	开保护气
8	M22	开保护气	21	G04 T100;	
9	G04 T100;		22	M07	开激光
10	M07	开激光	23	M24	关保护气
11	G00 x0.000 y1.692;		24	G00 x0.000 y0.000;	
12	M22	开保护气	25	M56	
13	G04 T100;		26	M02	焊接完成

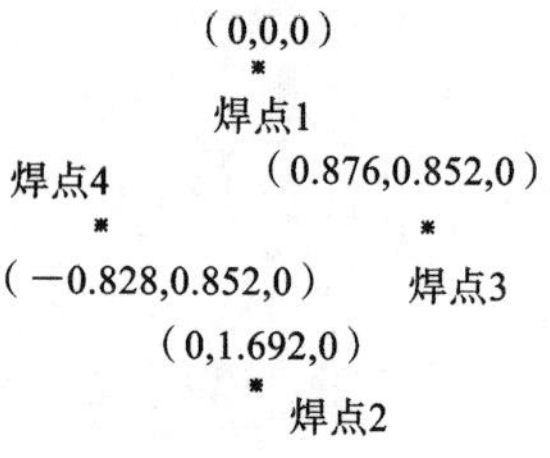

(0,0,0)

焊点1

(0.876,0.852,0)

焊点4

(-0.828,0.852,0)　焊点3

(0,1.692,0)

焊点2

图 3-21　四点点焊示教编程案例示意图

3）直线轨迹示教编程知识

（1）直线轨迹示教编程过程：通过手柄移动焊接头到运动起始点，然后坐标清零；进入示教编程界面，加工模式选择【连续焊接】项，运动模式选择【直线运动】项，通过手柄移动焊接头到焊接终点，点击直线终点，最后点击确定。如果焊缝较长，可以在中途多取几个焊接终点，即把一条较长的线段分为多段连续的较短线段来进行加工。另外，考虑到焊接起始端和末尾段的不稳定，较多焊接缺陷，可以将焊接起点和终点设在焊缝外面。

（2）直线轨迹示教编程程序案例：表 3-5 所示的是一个直线轨迹焊接示教编程程序，直线轨迹焊接完整案例如图 3-22 所示。

表 3-5　直线轨迹焊接示教编程程序

序号	程序	功能说明	序号	程序	功能说明
1	G90		9	G04 T100;	
2	F5		10	M64	开激光
3	M52		11	M08	关激光
4	M22	开保护气	12	M24	关保护气
5	G04 T100		13	G00 x0.00 y0.000	
6	M07	开激光	14	M56	
7	M60		15	M02	焊接完成
8	G01 x13.284 y0.000				

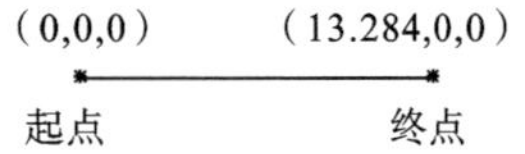

4）圆弧（整圆）轨迹示教编程知识

$$(0,0,0) \qquad (13.284,0,0)$$
起点 　　　　 终点

**图3-22 直线轨迹焊接示教
编程案例示意图**

（1）圆弧（整圆）轨迹示教编程过程：转动电子手轮X/Y移动焊接头到运动起始点，然后坐标清零；进入示教编程界面，加工模式选择【连续焊接】项，运动模式选择【圆弧运动】项，转动电子手轮X/Y移动焊接头到圆弧轨迹上中间某点，点击【圆弧中间点】；再转动电子手轮X/Y移动焊接头到圆弧轨迹终点，点击【圆弧终点】，最后点击【确定】。进入加工模式界面，选择【空走】项，然后点击【工位—启动】空走程序，观察轨迹是否正确，确认后在加工模式界面选择【加工】项，点击【工位—启动】进行加工。

整圆轨迹示教编程过程和圆弧轨迹示教编程基本一样，只是圆弧和整圆的指令不同。

（2）圆弧轨迹示教编程程序案例：表3-6所示的是一个圆弧轨迹焊接示教编程程序，圆弧轨迹焊接完整案例如图3-23所示。

表3-6 圆弧轨迹焊接示教编程程序

序号	程序	功能说明	序号	程序	功能说明
1	G90		8	G02 x0.000 y0.000 I-0.564 J-8.716 C390.000;	
2	F3		9	M64	
3	M52		10	M08	关激光
4	M22	开保护气	11	M24	关保护气
5	G04 T100;		12	G00 x0.000 y0.000;	
6	M07	开激光	13	M56	
7	M60		14	M02	焊接完成

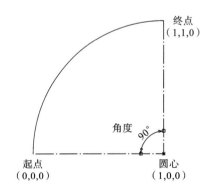

终点
（1,1,0）

角度 90°

起点
（0,0,0）　　　圆心
　　　　　　　（1,0,0）

起点（0,0,0）

圆心
（-0.564,-8.716,0）

图3-23 圆弧轨迹示教编程案例示意图 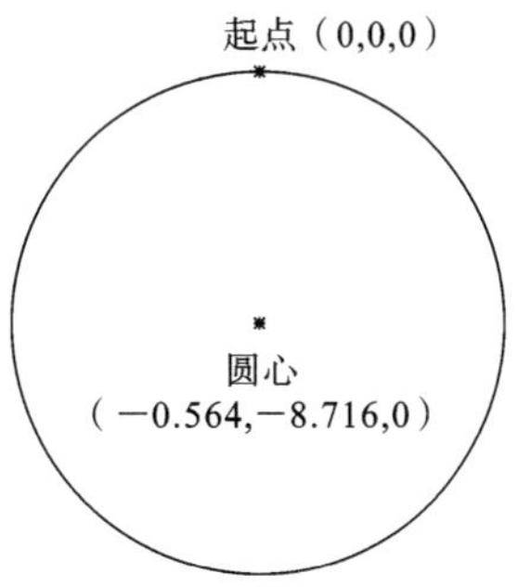　　　　**图3-24 整圆轨迹示教编程案例示意图**

（3）整圆轨迹示教编程程序案例：表3-7所示的是一个整圆轨迹焊接示教编程程序，整圆轨迹焊接完整案例如图3-24所示。

2. X-Y平面焊接示教编程技能训练工作任务

X-Y平面焊接示教编程技能训练工作任务是利用激光焊接软件在不锈钢板上完成包括点、线、圆弧和整圆轨迹的示教编程工作任务，焊接轨迹如图3-25所示，焊接顺序为点1→点2→线3→圆弧4→圆5。

表 3-7　整圆轨迹焊接示教编程程序

序号	程序	功能说明	序号	程序	功能说明
1	G90		8	G02 x0.000 y1 I1 J0 C45.000;	
2	F3		9	M64	
3	M52		10	M08	关激光
4	M22	开保护气	11	M24	关保护气
5	G04 T100;		12	G00 x0.000 y0.000;	
6	M07	开激光	13	M56	
7	M60		14	M02	焊接完成

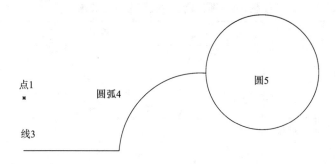

图 3-25　*X-Y* 平面焊接示教编程技能训练工作任务

（1）完成 *X-Y* 平面焊接示教编程实战训练过程，填写工作记录表 3-8。

表 3-8　*X-Y* 平面焊接示教编程工作记录表

编程内容	工作内容	工作记录（程序记录、问题分析）
1. 点焊轨迹示教编程技能训练	转动手轮 *X/Y* 移动焊接头到运动起始点，坐标清零	
	进入示教编程界面，选择【单点焊接】，选择【直线运动】	
	转动手轮 *X/Y* 移动焊接头到待焊点 1，点击【直线终点】	
	转动手轮 *X/Y* 移动焊接头到待焊点 2，点击【直线终点】	
	重复上一步操作，依次记录需要焊接的焊点，点击【确定】	
	加工模式界面选择【空走】项，点击【工位—启动】，空走程序，观察轨迹	
	加工模式界面选择【加工】项，点击【工位—启动】进行加工	

编程内容	工作内容	工作记录 (程序记录、问题分析)
2. 直线轨迹示教编程技能训练	转动手轮 X/Y 移动焊接头到运动起始点,坐标清零	
	进入示教编程界面,选择【连续焊接】,选择【直线运动】	
	转动手轮 X/Y 移动焊接头到焊接终点,点击【直线终点】确定	
	注意 1:焊缝较长可多取几个焊接终点,把较长线段分为多段连续较短线段 注意 2:将焊接起点和终点设在焊缝外面	
3. 圆弧轨迹示教编程技能训练	转动手轮 X/Y 移动焊接头到运动起始点,坐标清零	
	进入示教编程界面,选择【连续焊接】,选择【圆弧运动】	
	转动手轮 X/Y 移动焊接头到圆弧轨迹上中间某点,点击该点	
	转动手轮 X/Y 移动焊接头到圆弧轨迹终点,点击该点	
4. 整圆轨迹示教编程技能训练	转动手轮 X/Y 移动焊接头到运动起始点,坐标清零	
	进入示教编程界面,选择【连续焊接】,选择【整圆运动】	
	转动手轮 X/Y 移动焊接头到整圆轨迹上某点,点击【圆中间点】	
	转动手轮 X/Y 移动焊接头到整圆轨迹上另外一点,再点击【整圆终点】点击【确定】	
5. 综合轨迹示教编程技能训练	分析给定的轨迹和焊接顺序	
	转动手轮 X/Y 移动焊接头到运动起始点 1,坐标清零	
	编辑点焊程序,记录完点 2,加工模式改为【空走】	
	转动手轮 X/Y 移动焊接头到线 3 运动起始点,点击直线终点	
	加工模式改为【连续焊接】,编辑直线焊接程序	
	紧接着编辑圆弧焊接程序和整圆轨迹焊接程序	
	点击【确定】	

（2）进行 X-Y 平面焊接示教编程实战技能训练过程评估,填写表 3-9。

表 3-9 X-Y 平面焊接示教编程技能训练评估表

工作环节	主要内容	配分	得分
点焊示教编程训练 20 分	操作规范	5	
	焊接轨迹正确	10	
	设置焊接参数合理,焊接效果较好	5	
直线示教编程训练 20 分	操作规范	5	
	焊接轨迹正确	10	
	设置焊接参数合理,焊接效果较好	5	

续表

工作环节	主 要 内 容	配分	得分
圆弧示教编程训练20分	操作规范	5	
	焊接轨迹正确	10	
	设置焊接参数合理,焊接效果较好	5	
整圆示教编程训练20分	操作规范	5	
	焊接轨迹正确	10	
	设置焊接参数合理,焊接效果较好	5	
综合示教编程训练20分	操作规范	5	
	焊接轨迹正确	10	
	设置焊接参数合理,焊接效果较好	5	
现场规范10分	人员安全规范	5	
	设备场地安全规范	5	
合 计		110	

1. 注重安全意识,严守设备操作规程,不发生各类安全事故。
2. 注重成本意识,保证设备完好无损,尽可能节约训练耗材。

3.2.3　X-Y-Z 空间轨迹焊接示教编程知识技能训练

1. X-Y-Z 空间轨迹焊接示教编程信息收集

1)X-Y-Z 空间轨迹焊接案例

图 3-26 是两个圆管激光焊接时的焊缝和实物示意图,我们可以看出,X-Y-Z 空间轨迹焊接包括了各类空间曲线和旋转体等基本要素。

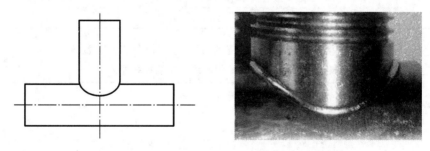

图 3-26　两个圆管激光焊接时的焊缝和实物示意图

2)旋转体轨迹焊接示教编程知识

(1)旋转体轨迹焊接示教编程过程:焊接旋转体应使用旋转工作台夹持工件并在焊接过程中实现工作转动,如图 3-27 所示。标准旋转体基本都是对称结构。

将旋转台固定在工作台上并接好线,转动电子手轮 W 轴转动旋转台以确认正常工作。

图 3-27　旋转体工件与旋转工作台

装夹工件,确认最佳离焦量位置。

示教编程时,首先在运动起始点坐标清零;进入示教编程界面,加工模式选择【连续焊接】,运动模式选择【直线运动】,可以先在焊接起点点焊一个点作为标记,然后通过电子手轮W轴转动旋转台一周后到达标记点,再往前转10°左右避免焊接终点缺陷出现在未焊接位置。

(2)旋转体轨迹焊接示教编程案例:表3-10所示的是一个旋转体轨迹焊接示教编程程序,旋转体轨迹焊接如图3-28所示。

表 3-10　旋转体轨迹焊接示教编程程序

序号	程序	功能说明	序号	程序	功能说明
1	G90		8	G01 x13.284 y0.000	
2	F5		9	M64	
3	M52		10	M08	关激光
4	M22	开保护气	11	M24	关保护气
5	G04 T100		12	G00 x0.00 y0.000	
6	M07	开激光	13	M56	
7	M60		14	M02	焊接完成

3)曲面轨迹焊接示教编程知识

(1)曲面轨迹焊接示教编程过程:如图3-29所示,眼镜架绕圈与镜架结合位置是一个曲面,在焊接时需要进行曲面轨迹示教编程。

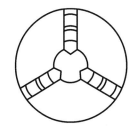

图 3-28　旋转体轨迹焊接示教编程

图 3-29　曲面轨迹示教编程

运动起始点坐标清零;进入示教编程界面,加工模式选择【连续焊接】,运动模式选择【直线运动】。转动电子手轮移动焊接头到焊接轨迹中的下一个点,通过CCD清晰度或者红光定位来调整Z轴位置,确保离焦量不变,点击直线终点。重复上一步操作,取下一个点,直至焊接终点,点击【确定】。尽量在焊接轨迹中多取一些点以确保轨迹更精准。

(2)曲面轨迹焊接示教编程案例:表3-11所示的是一个旋转体轨迹焊接示教编程的程序。

表 3-11　旋转体轨迹焊接示教编程

序号	程序	功能说明	序号	程序	功能说明
1	G G90		11	G01 x7.080 y−1.140 z1.470;	
2	F3		12	G01x9.120 y−1.320 z1.860;	
3	M52		13	G01x10.320 y−1.440 z2.160;	
4	M22	开保护气	14	M64	
5	G04 T100		15	M08	关激光
6	M07	开激光	16	M24	关保护气
7	M60		17	G00x0.000 y0.000 z0.000;	开激光
8	G01 x2.040 y−0.360 z0.300;		18	M56	
9	G01 x3.600 y−0.720 z0.0720;		19	M02	焊接完毕
10	G01 x5.280 y−0.960 z1.080;	开激光	20		

2. X-Y-Z 空间轨迹焊接示教编程技能训练工作任务

X-Y-Z 空间轨迹焊接示教编程技能训练的工作任务有两个,第一个任务是利用激光切割机软件将3.2.2中所使用的平面不锈钢板沿宽度方向倾斜30°放置,焊接轨迹和焊接顺序不变,模拟完成 X-Y-Z 空间轨迹焊接示教编程技能训练工作任务,焊接轨迹如图3-34所示,焊接顺序为点1→点2→线3→圆弧4→圆5。

第二个任务是使用旋转工作台夹持圆管旋转焊接一圈,在旋转体表面进行示教编程技能训练。

(1)X-Y-Z 空间轨迹焊接示教编程实战技能训练过程,填写工作记录表3-12。

表 3-12　X-Y-Z 空间轨迹焊接示教编程工作记录表

编程内容	工作内容	工作记录 (程序记录、问题分析)
1.空间轨迹焊接示教编程技能训练	设置焊接头离焦量,并把CCD调至最清晰	
	转动电子手轮移动焊接头到运动起始点,调整至CCD最清晰高度,坐标清零	
	进入示教编程界面,选择加工模式和运动模式	
	转动电子手轮移动焊接头来记录焊接轨迹特征点,通过CCD保证离焦量位置相同	
	轨迹示教完成后,点击【确定】	

编程内容	工作内容	工作记录 (程序记录、问题分析)
1. 空间轨迹焊接示教编程技能训练	进入加工模式界面,选择【空走】项空走程序,观察轨迹是否正确	
	确认无误,加工模式界面选择【加工】项,点击【工位—启动】进行加工	
2. 回转体曲面示教编程技能训练	连接旋转夹具与焊接机工作台	
	使用旋转夹具水平夹持不锈钢管	
	转动电子手轮移动焊接头至不锈钢管正上方,调整离焦量并使 CCD 最清晰,坐标清零;点焊一个焊点作为起始点标记	
	进入示教编程界面,加工模式选择【连续焊接】,运动模式选择【直线运动】	
	旋转夹具旋转一周至标记点,并再旋转一定距离,点击直线终点,最后点击【确定】	

（2）进行 X-Y-Z 空间轨迹焊接示教编程训练过程评估,填写表 3-13。

表 3-13　X-Y-Z 空间轨迹示教编程技能训练评估表

工作环节	主要内容	配分	得分
空间轨迹焊接示教编程技能训练 45 分	操作规范	5	
	焊接轨迹正确	25	
	设置焊接参数合理,焊接效果较好	15	
回转体曲面示教编程技能训练 45 分	操作规范	5	
	焊接轨迹正确	25	
	设置焊接参数合理,焊接效果较好	15	
现场规范 10 分	人员安全规范	5	
	设备场地安全规范	5	
合计		100	

1. 注重安全意识,严守设备操作规程,不发生各类安全事故。

2. 注重成本意识,保证设备完好无损,尽可能节约训练耗材。

（3）编程程序如表 3-14、表 3-15 所示。

表 3-14　G 代码对照表

输出端口 EXO	用途	输入端口 EXI	用途
0	外部控制激光	0	
1	保护气	1	

续表

输出端口 EXO	用途	输入端口 EXI	用　途
2	开激光	2	脚踏开关
3	关激光	3	
4	主快门	4	
5	快门 1	5	
6	快门 2	6	
7	快门 3	7	
8	汽缸 3	8	手脉
9	激光模式	9	手脉
10	激光模式	10	手脉
11	激光模式	11	手脉
12	激光模式	12	手脉
13	汽缸 2	13	手脉
14	汽缸 1	14	手脉
15	红光	15	

表 3-15　固高板卡 I/O 对照表

输出端口	参 数 说 明	用　途
G90	无	绝对坐标
G91	无	相对坐标
M02	无	G 代码结束
M22	无	开保护气
M24	无	关保护气
M07	无	开激光
M08	无	关激光
G00	G00 x3.972 y2.585；3.972 表示所走直线 x 坐标值，2.585 表示所走直线 y 坐标值	直线插补空走
G01	同上	直线插补
G02	G02 x3.972 y2.585 I5.593 J4.353 C360.000 R2.399；x,y 后面数字表示圆弧插补起点坐标；I,J 后面数值表示圆心坐标；R 后面数值表示半径；C 后面数字表示所走圆心角度	圆弧插补
G04	G04 T100；T 后面数字表示延时，单位为 ms	延时指令
G11	G11 L2；L 后面的数字表示调用模式的序号	激光模式

续表

输出端口	参 数 说 明	用 途
M15	无	单点焊接
M50	无	暂停
M04	无	开快门1
M44	无	关快门1
M05	无	开快门2
M55	无	关快门2
M06	无	开快门3
M66	无	关快门3
F	F30 F后面的数字表示设置的加工速度	设置加工速度
M60	无	开启缓冲区
M64	无	关闭并运行缓冲区

4

激光焊接材料知识与技能训练

4.1 工程常用焊接材料与焊接性能基础知识

4.1.1 工程材料分类知识

工程材料是指用来制造工程构件、机械零件、工具和满足特殊性能要求（如耐蚀、耐高温等）的材料,工程材料可以分为金属材料、高分子材料、陶瓷材料和复合材料等四大类,如图4-1所示。

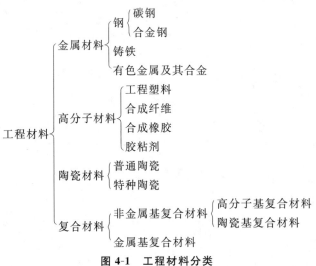

图 4-1 工程材料分类

1. 金属材料

金属材料包括金属和以金属为基的合金。

工业上把金属和其合金分为黑色金属材料和有色金属材料两大部分,黑色金属材料是铁和以铁为基的合金（钢、铸铁和铁合金）;有色金属材料是除黑色金属以外的所有金属及其合金。

有色金属材料按照性能和特点可分为轻金属、易熔金属、难熔金属、贵重金属、稀土金属和碱土金属等类别。

2. 高分子材料

高分子材料根据机械性能和使用状态可分为塑料、纤维、橡胶、胶粘剂等四大类,值得注意的是,这些材料之间并无严格的界限,例如,同一高分子材料采用不同的合成方法和成形工艺,既可以制成塑料,也可制成纤维,比如尼龙。

3. 陶瓷材料

陶瓷材料可分为普通陶瓷和特种陶瓷两大类。

工程上特种陶瓷按性能可分为高强度陶瓷、高温陶瓷、耐磨陶瓷、耐酸陶瓷、压电陶瓷、电介质陶瓷、光学陶瓷、半导体陶瓷、磁性陶瓷和生物陶瓷等。

4. 复合材料

复合材料按基体类型可分为金属基复合材料、高分子基复合材料和陶瓷基复合材料等三类,应用最多的是高分子基复合材料和金属基复合材料。

4.1.2 材料的焊接性能

1. 材料的加工工艺性能

材料的加工工艺性能是指材料对不同加工方法的适应能力,包括焊接性能、切削加工性能、铸造性能和锻造性能等。

2. 材料的焊接性能

材料的焊接性能是指用某种焊接方法在给定的工艺条件和焊接结构方案下获得预期质量要求的焊接接头的性能。影响焊接性能的因素主要有两个,一是材料的化学成分,二是采用的焊接工艺。

1) 材料的碳当量知识

(1) 碳当量:对于碳素钢,决定其焊接性能的主要因素是含碳量;合金钢(主要是低合金钢)中,除碳以外的各种合金元素对焊接性能也起着重要作用。通过统计大量实验数据证明,我们可以用碳当量来简要地表示材料的焊接性能。

材料中每一种元素的碳当量以 $1/X$ 表示,X 一般为正整数,由统计数据决定。若干元素的碳当量计算即各个 $1/X$ 值之和。值得注意的是,同一元素在不同的碳当量计算法中其 X 值不同,不同研究者得到的 X 值也不尽相同。

(2) 国际焊接学会推荐的碳钢及合金结构钢碳当量经验公式如下:

$$C_{当量} = C + Mn/6 + (Cr + Mo + V)/5 + (Ni + Cu)/15$$

式中:C、Mn、Cr、Mo、V、Ni、Cu 为钢中该元素含量。

(3) 日本 JIS 和 WES 国家标准推荐的碳当量经验公式如下:

$$C_{当量}(JIS) = C + Mn/6 + Si/24 + Ni/40 + Cr/5 + Mo/4 + V/14$$

上式适用于含碳量偏高的钢种。

(4) 美国焊接学会(AWS)推荐的碳当量经验公式如下:

$$C_{当量} = C + Mn/6 + Si/24 + Ni/15 + Cr/5 + Mo/4 + Cu/13 + P/2$$

2) 碳当量与焊接性能

当 $C_{当量} \leqslant 0.4\%$,焊接性好;

当 $C_{当量} = 0.4\% \sim 0.6\%$,焊接性稍差,焊前需适当预热;

当 $C_{当量} \geqslant 0.6\%$,焊接性较差,属难焊材料,需采用严格的焊接工艺方法。

总体而言,金属材料的含碳量越高、焊接性能越差;合金钢的焊接性能比碳钢差,铸铁的焊接性能更差。

4.1.3 常用金属材料与焊接性能

1. 结构钢与焊接性能

1) 碳素结构钢与焊接性能

(1) 碳素结构钢是以铁为基本成分,含有少量碳、锰和硅等有益元素的铁碳合金。

碳素结构钢分类:按含碳量可分为低碳钢、中碳钢、高碳钢;按品质可分为普通碳素钢和优质碳素钢;根据某些行业的特殊要求及用途,可分为压力容器用钢、锅炉用钢、桥梁用钢、船体结构用钢等。

碳素钢和优质碳素钢的化学成分及力学性能见《碳素结构钢》(GB/T 700—2006)和《优质碳素结构钢》(GB/T 699—2015)。

(2) 碳素结构钢焊接性能:碳素结构钢的焊接性能主要取决于它的含碳量,随着含碳量的增加,焊接性逐渐变差,如表 4-1 所示。

表 4-1 碳素结构钢焊接性能

名称	W(c)(%)	典型牌号	典型硬度	焊接性	典型用途
低碳钢	≤0.25	Q195,10;Q215,15 Q225,20;Q255,25	60~90HRB	好	钢板、钢管和型钢
中碳钢	0.25~0.60	30,35,40,45,50,55	25HRC	中等	机械零件和工具
高碳钢	0.60~1.00	60,65,70,75,80,85	40HRC	差	弹簧、磨具、铁轨

2) 低合金结构钢与焊接性能

(1) 低合金结构钢分类:低合金结构钢在《钢分类》(GB/T 13304—2008)中称为可焊接低合金高强度结构钢,还可称为焊接高强度钢,国际上通称为低合金高强度钢或高强度低合金钢(HLSA 钢)中的主体部分,与国际标准 ISO 4948—1—1982 和 ISO 4948—2—1981 规定的种类对应。

低合金结构钢按使用用途分类有船体结构用钢(见《船舶及海洋工程用结构钢》(GB712—2011))、锅炉用钢(见《锅炉和压力容器用钢板》(GB713—2014))、桥梁用钢(见《桥梁用结构钢》(GB714—2015))、低温压力容器用钢(见《低温压力容器用钢板》(GB3531—

2014))、压力容器用钢(见《压力容器用钢板》(GB713—2014))、焊接气瓶用钢(见《焊接气瓶用钢板和钢带》(GB6653—2008))、汽车大梁用钢(见《汽车大梁用热轧钢板和钢带》(GB/T 3273—2015))和一般用途的低合金高强度结构钢(见《低合金高强度结构钢》(GB/T1591—2008))等。

(2) 低合金结构钢焊接性能:合金元素含量在 5% 以下,屈服强度在 295 MPa 以上的低合金结构钢具有良好的焊接性能,通常以钢板、钢带、型材、管材等形式出现。

3) 微合金化高强度高韧性钢与焊接性能

微合金化高强度高韧性钢是加入能形成碳化物或氮化物的微量合金元素(如 Nb、V、Ti 等)形成的钢材,微合金元素的含量一般低于 0.2%,碳当量低,焊接性优良。

4) 超细晶高强度钢与焊接性能

超细晶高强度钢的强度得到大幅度提高,焊接性能一般,需采用低热输入的焊接方法,如大功率激光焊等。

5) 超高强度钢与焊接性能

(1) 超高强度钢分类:抗拉强度在 1500 MPa 以上或屈服强度在 1380 MPa 以上,并且具有良好的断裂韧度和加工工艺性能的钢称为超高强度钢。

(2) 超高强度钢焊接性能:低合金超高强度钢的焊接性能主要取决于钢的含碳量,含碳量越高,焊接性能越差。

二次硬化超高强度钢中 Ni、Co 元素含量高,用于制造重要受力结构件,焊接性能良好。

马氏体时效钢主要合金元素是 Ni、Co、Mo、Ti 等,具有良好的焊接性能。

6) 低合金耐蚀钢与焊接性能

低合金耐蚀钢分类:低合金耐蚀钢是在碳素钢成分基础上添加适量的一种或几种合金元素,以改善钢的耐腐蚀性能,包括耐大气腐蚀钢、耐海水腐蚀钢、耐盐卤腐蚀钢、耐硫化物应力腐蚀钢、耐氢腐蚀钢及耐硫酸露点腐蚀钢等多个钢种。

低合金耐蚀钢添加的合金元素改善了钢的耐蚀性能,强度提高,但焊接性能变坏。

2. 特殊钢与焊接性能

特殊钢包括耐热钢、低温钢、不锈钢等主要几个大类。

1) 耐热钢与焊接性能

在高温条件下具有抗氧化性和足够的高温强度以及良好的耐热性能的钢称为耐热钢,可分为抗氧化钢和热强钢两类。

耐热钢的焊接性能较好,但存在焊接脆性大,容易出现裂纹的缺点。

耐热钢焊接性能可以参见《石油化工铬钼耐热钢焊接规程》(SH/T 3520—2004),如图 4-2 所示。

2) 低温钢与焊接性能

低温钢是适于在 0 ℃ 以下应用的合金钢,它可以分 4 个温度使用级别,−20～40 ℃、−50～80 ℃、−100～110 ℃、−196～269 ℃。能在 −196 ℃ 以下使用的低温钢称为深冷钢或超低温钢,主要用于液化石油气、天然气等的贮存运输容器以及海洋石油工程结构等。

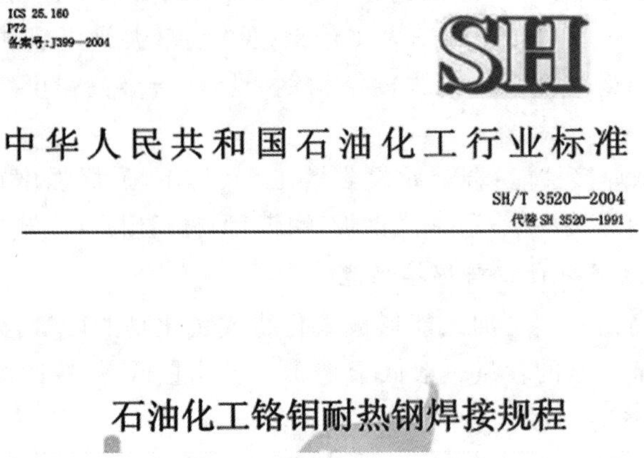

ICS 25.160
P72
备案号：J399—2004

SH

中华人民共和国石油化工行业标准

SH/T 3520—2004
代替 SH 3520—1991

石油化工铬钼耐热钢焊接规程

图 4-2　耐热钢焊接规范

低温钢焊接性能可以参见《石油化工低温钢焊接规范》(SH/T 3525—2015)，如图 4-3 所示。

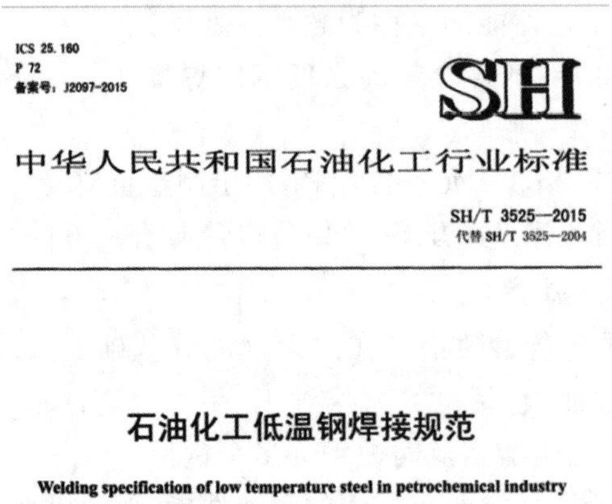

ICS 25.160
P 72
备案号：J2097-2015

SH

中华人民共和国石油化工行业标准

SH/T 3525—2015
代替 SH/T 3525—2004

石油化工低温钢焊接规范

Welding specification of low temperature steel in petrochemical industry

图 4-3　低温钢焊接规范

不锈钢及焊接性能我们将在技能训练一节介绍。

3. 有色金属材料与焊接性能

有色金属材料主要包括铝及铝合金、镍及镍合金、钛及钛合金，以及铜及铜合金等材料，我们将在技能训练一节讲述它们的焊接性能。

4. 塑料材料激光焊接知识

塑料材料激光焊接是将热作用区的待焊接塑料融化随后冷却自然实现塑料件的接合。

1）激光波长

塑料材料激光焊接，可以采用 YAG 激光器、CO_2 激光器、半导体激光器作为光源。三者之中，由于塑料激光焊接对功率要求不高，对可控性和操作性要求较高，半导体激光器应用较为普遍。

（1）CO_2 激光：波长 $10.6\ \mu m$，属远红外波段，塑料材料对这一波长的吸收情况好。焊接塑料时热作用区深度较深,适合于需要焊接较厚的塑料材料的场合。

(2)YAG激光:波长1.06 μm,属近红外波段,不易被塑料吸收。YAG激光器可以方便地通过光纤传输,实现焊接过程的自动化,也可以较好地透过上层的待焊接材料到达下层待焊接材料或者在中间层被吸收,从而实现焊接。

(3)半导体激光:波长0.8~1.0 μm,由于输出功率较小,适用于小型塑料器件的精密焊接。

2)塑料材料

能够被激光焊接的塑料均属于热塑性塑料。理论上所有热塑性塑料都能够被激光焊接。

激光焊接对被焊接塑料的要求:在热作用区内的材料,要求对激光光波的吸收性好;不属于热作用区部分的材料,则要求对光波的透过性好,尤其在对两件薄塑料件进行叠焊时更是如此。一般要在热作用区塑料中添加吸收剂才能达到目的。

能够使用激光焊接的单种成分塑料有:PMMA—聚甲基丙烯酸甲脂(有机玻璃),PC塑料,ABS塑料,LDPE—低密度聚乙烯塑料,HDPE—高密度聚乙烯塑料,PVC—聚氯乙稀塑料,Nylon 6—尼龙6,Nylon 66—尼龙66,PS—PS树脂,等等。

上述各种塑料制成的塑料件,如模制的塑料品、塑料板、薄膜、人造橡胶、纤维甚至纺织物都可以被焊接。

3)吸收剂

吸收剂是塑料激光焊接工艺中非常重要的材料。让塑料融化需要使塑料件吸收足够的激光能量。塑料自身能够以较高吸收率吸收激光能量自然最好,但一般在不添加吸收剂的情况下,塑料对光波的吸收性不是很好,吸收效率很低,融化效率不理想。

理想的吸收剂是碳黑,碳黑基本上能够将红外波长的激光能量全部吸收,从而大大提高塑料的热吸收效果,使得热作用区的材料融化更快、焊接效果更好。碳黑在吸收红外波段的激光光波的同时,也吸收可见光波,这也是碳黑看起来为黑色的原因,用碳黑作吸收剂会使激光焊接焊缝颜色变深,与母材颜色不同;其他颜色的染料也能够起到相同的吸收光波的效果。

英国焊接学会研制出了一种对可见光透明的染料,只吸收红外波段的电磁波,不吸收可见光,用这种染料做吸收剂可以得到透明的塑料焊缝。很多情况下,塑料焊接要求成品美观、精致,因此相比碳黑,对可见光透明的染料吸收剂非常受青睐。

添加吸收剂的方法有3种。第一,直接向待焊接材料中渗入吸收剂,采用这种方法时,应该将渗过吸收剂的塑料件放在下面,而把没有渗吸收剂的塑料件放在上面,让激光光波通过。第二,向塑料件待焊接的表面渗吸收剂,采用这种方法时,只有被渗透了吸收剂的一部分塑料将成为热作用区而被融化。第三,在两块待焊接塑料件的接触处喷涂或者印刷上吸收剂。

4)其他参数

与金属焊接不同,塑料激光焊接需要的激光功率并不是越大越好。焊接激光功率越大,塑料件上的热作用区就越大、越深,将导致材料过热、变形、甚至损坏。因此,应该根据需要融化的深度来选择激光功率。

塑料激光焊接的速度比较快,一般得到1 mm厚焊缝的焊接速度可达20 m/min;而采用

高功率的 CO_2 激光器焊接塑料薄膜,最高速度可以达到 750 m/min。

4.2 不锈钢材料激光焊接知识与技能训练

4.2.1 不锈钢材料激光焊接信息搜集

1. 不锈钢材料激光焊接典型产品

不锈钢材料激光焊接取得了大量应用,通常应用于支撑结构、密封容器、建筑、精密仪器和医疗器械等场合的焊接,如图 4-4 所示。

不锈钢管焊接

焊缝

图 4-4 不锈钢激光焊接典型产品

2. 不锈钢材料焊接性能

1) 不锈钢分类

不锈钢是以 Fe-Cr、Fe-Cr-C 和 Fe-Cr-Ni 为合金系的高合金钢,具有良好的焊接性能,按组织状态分类主要有以下几种。

(1) 铁素体不锈钢:含铬量 15%~30%,金属的耐蚀性、韧度和可焊性随含铬量的增加而提高,耐蚀性能优于其他种类不锈钢,铁素体不锈钢常用牌号有 Cr17、Cr17Mo2Ti、Cr25,Cr25Mo3Ti、Cr28 等。

铁素体不锈钢因为含铬量高,耐蚀性与抗氧化性均比较好,但机械性能与工艺性能较差,多用于受力不大的耐酸结构件及作抗氧化结构件。

(2) 奥氏体不锈钢:含铬量大于 18%,还含有 8% 左右的镍及少量钼、钛、氮等元素,可耐多种介质腐蚀,综合性能好,奥氏体不锈钢的常用牌号有 1Cr18Ni9、0Cr19Ni9 等。

奥氏体不锈钢具有良好的塑性、韧度和焊接性能,用来制作耐蚀容器及设备衬里、输送管道、耐硝酸的设备零件等,另外还可用作不锈钢钟表饰品材料。

(3) 奥氏体-铁素体双相不锈钢:兼有奥氏体和铁素体不锈钢的特点,与铁素体不锈钢相比塑性及韧度高,与奥氏体不锈钢相比强度高,同时具有优良的耐晶间腐蚀性能,也是一种节镍不锈钢。

(4) 马氏体不锈钢:强度及耐磨性高,耐蚀性、塑性和可焊性较差,常用牌号有 1Cr13、

3Cr13 等,用于力学性能要求较高、耐蚀性能要求一般的零件,如弹簧、汽轮机叶片、水压机阀等。

  2) 不同国家和地区常见不锈钢牌号

  世界各国不锈钢牌号各不相同,市场上常见的有国标、美标、日标和欧标,其中美标在世界范围内认可度最高,不同国家和地区常见不锈钢牌号对照表如表 4-2 所示。

表 4-2 不同国家和地区常见不锈钢牌号对照表

类别	中国	美国	日本	欧洲
马氏体不锈钢	Cr13 型	410	SUS410	SAF2301
	1Cr17Ni2	431	SUS431	SAF2321
	9Cr18	440C	SUS440C	
	0Cr17Ni4Cu4Nb	17-4PH	SUH630	
	1Cr12Ni3MoWV	XM32		DIN1.4313
	2Cr12MoVNbN		SUH600	
	2Cr12NiMoWV		SUH616	
铁素体不锈钢	0Cr13	410S	SUS410S	
	00Cr17Ti			
	00Cr18Mo2Ti			
奥氏体不锈钢	0Cr18Ni9Ti	321	SUS321	SAF2337
	00Cr19Ni10	304L	SUS304L	
	0Cr17Ni12Mo2	316	SUS316	SAF2343
	0Cr17Ni14Mo2	316L	SUS312L	
	00Cr19Ni13Mo3	317L	SUS317L	
	ZG00Cr19Ni10	CF3	SCS19A	
	ZG00Cr17Ni14Mo2	CF3M	SCS16A	
	0Cr25Ni20	310S	SUS310S	
	00Cr20Ni18Mo6CuN	S31254		254SMO
	00Cr20Ni25Mo4.5Cu	904L		2RK65
	00Cr25Ni22MoN	S31050		2RE69
	00Cr18Ni5Mo3Si2	S31500	3RE60	
双相钢	00Cr22Ni5Mo3N	S31803	329J3L1	SAF2205
	00Cr25Ni6Mo2N		329J1L1R-4	
	00Cr25Ni7Mo3N	S31260	329J4L	SAF2507
	00Cr25Ni6Mo3CuN	S32550		

3）不锈钢焊接性能

不锈钢的激光焊接性能普遍较好。

激光焊接奥氏体不锈钢时，热变形和残余应力较小。Cr/Ni 当量大于 1.6 的奥氏体不锈钢较适合激光焊接，小于 1.6 的热裂纹倾向很高。加入了硫、硒等元素的 Y1Cr18Ni9、Y1Cr18Ni9Se、1Cr18Ni9Ti 和 0Cr18Ni11Nb 等奥氏体不锈钢凝固裂纹倾向有所增加。

激光焊接铁素体不锈钢时，产生热裂纹的倾向最小，其韧度和延展性比其他焊接方法要高。

由于焊接过程中马氏体的相变和晶粒的粗化，接头强度和耐蚀性降低，马氏体不锈钢的焊接性最差，焊接接头通常硬而脆，并伴有冷裂倾向。但比较而言，激光焊接仍然比常规焊接方法的影响要低。

3. 不锈钢常用激光焊接方法

1）YAG 激光器焊接

YAG 激光器焊接利用脉冲激光实施焊接，焊接过程中总体能量较小，焊接接头不易出现气孔和咬边等缺陷。

研究表明，脉冲激光能量不断的增加，激光焊接后熔池的熔深、熔宽和结合宽度增加，焊接速度也可以加快。接头的抗拉强度一开始随着能量的增加而增加，然后再随着激光能量增加抗拉强度减小。

如果激光工艺参数相同，在有保护气体（氩气）和无保护气体下，两种焊接方式均能实现完全焊透且焊缝成形良好，但后者焊缝存在严重的氧化现象，且伴有咬边、凹陷等缺陷。

2）光纤激光器焊接

光纤激光器焊接具有较高的激光功率，光斑能量分布均匀，且其焊接工件厚度大于 YAG 激光器焊接的工件厚度。

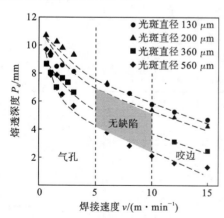

图 4-5 光纤激光器实焊接接头成形质量影响范围

研究表明，利用光纤激光器实施激光焊接，激光功率密度、焊接速度对焊接接头成形质量的影响有一个范围，如图 4-5 所示的是在光斑直径为 360 μm 和 560 μm、焊接速度在 4.5～10 m/min 实验条件下焊接接头有无气孔、咬边和驼峰等缺陷。

激光功率密度、焊接速度、光斑直径大小以及保护气体流量和种类等焊接参数，对焊接接头的显微组织及分布影响较大，搭配不当会产生焊接缺陷。

3）CO_2 激光器焊接

同 YAG 激光器焊接和光纤激光器焊接一样，CO_2 激光器焊接对 2 mm 以下的薄板焊接能获得较好的焊接效果，焊接质量受激光功率、焊接速度、保护气体流量和种类等因素的影响。

无论是 YAG 激光器焊接、还是 CO_2 激光器焊接或是光纤激光器焊接，由于焊接热源的单一、热输入较小，都不能满足厚板的熔透要求。

4）激光—电弧复合焊接

（1）激光—电弧复合焊接工作原理：激光—电弧复合焊将激光焊和电弧焊两种工艺相结合起来进行焊接，其工作原理如图 4-6 所示。

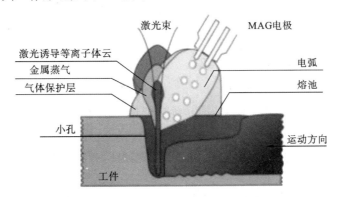

图 4-6 激光—电弧复合焊接工作原理示意图

激光与电弧同时作用于金属表面同一位置，焊缝上方因激光作用产生光致等离子体，降低了激光能量利用率。

外加电弧后，电弧等离子体比激光等离子体温度和密度低，它稀释了光致等离子体导致激光能量效率提高。同时，电弧使母材温度升高，对激光的吸收率提高，焊接熔深增加。

另外，激光熔化金属后能为电弧提供自由电子，降低了电弧通道的电阻，电弧的能量利用率也提高，熔深进一步增加。激光光束对电弧还有聚焦、引导作用，使电弧更加稳定。

（2）激光—电弧复合焊接特点如下。

① 提高焊接接头的适应性：电弧的作用降低了激光对接头间隙装配精度要求，可以在较大接头间隙下实现焊接。

② 增加了焊缝的熔深：激光可以使得电弧到达焊缝深处，同时电弧会增大金属对激光的吸收率，导致熔深增加。

③ 改善焊缝质量，减少焊接缺陷：激光使得焊缝加热时间变短，热影响区减小，改善焊缝组织性能。电弧能够减缓熔池的凝固时间，使熔池相变充分进行，有利于气体溢出，减少气孔、裂纹、咬边等焊接缺陷。

④ 增加焊接过程稳定性：激光在熔池中形成匙孔对电弧有吸引作用，增加了焊接的稳定性。匙孔会使电弧的根部压缩，从而增大电弧能量的利用率。

⑤ 提高生产效率，降低生产成本：激光与电弧相互作用会提高焊接速度，与单纯激光焊相比可以降低设备成本。

（3）激光—电弧复合方式：激光—电弧复合热源使用的激光器有 CO_2 激光器和 YAG 激光器，电弧包括 TIG 电弧、MIG 电弧和等离子电弧等。

TIG 电弧焊是非熔化极惰性气体保护电弧焊的简称，如常见的氩弧焊就是 TIG 焊。MAG 电弧焊是熔化极活性气体保护焊的简称。

激光与电弧的相对位置可分为同轴复合和旁轴复合两种方式。

同轴复合方式中，激光与电弧处于同轴，共同作用于工件的同一位置，如图 4-7(a)所示。

旁轴复合方式中，激光束与电弧以一定的角度共同作用于工件的同一位置，如 4-7(b)

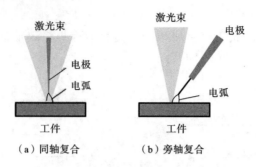

图 4-7　激光与电弧的相对位置示意图

所示。

激光与电弧的旁轴复合方式中,激光与电弧的相对位置又可分为激光在电弧前和激光在电弧后两种形式,位置不同会对焊缝表面成形和内部性能产生重大影响。

激光束在前、电弧在后时,热源作用面积大,热源移走后焊缝冷却慢,有利于熔池中的气体溢出,因此焊缝的上表面成形均匀且饱满美观,成型好,在焊接速度较大时效果更明显。但电弧热源作用于激光后,相当于对焊缝进行一次回火,而其热量不能传输到焊缝较深处,故而下部未回火,因此焊缝上部的硬度小于焊缝下部的硬度。

电弧在前、激光束在后时,焊缝表面会出现沟槽,焊缝上部的硬度大于焊缝下部的硬度。

(4) 激光—电弧复合焊接方法如下。

① 激光—TIG 电弧复合焊:激光—TIG 电弧复合焊多用于薄板高速焊,也可用于不等厚材料对接焊缝的焊接,焊接速度是单纯激光焊接的几倍。

② 激光—MIG 电弧复合焊:利用填焊丝的优势可以改善焊缝的冶金性能和微观组织结构,常用于焊接中厚板。

③ 激光—等离子电弧复合焊:激光与等离子电弧复合焊接一般采用同轴复合方式。等离子弧具有刚性好、温度高、方向性好、电弧易引燃等优点,非常有利于进行复合热源焊接。

5) 活性剂辅助激光焊接

活性剂辅助激光焊接即在工件的表面涂上一层活性剂,利用活性剂的特性以及焊接过程中对焊接因素(等离子体、表面张力)等的影响来改善焊接质量。

6) 双光束激光焊接

双光束激光焊接是同时使用两束激光焊接工件,光束排列方式有串行、并行和交叉排列等几种方式,如图 4-8 所示。

在焊接过程中,双光束激光的间距、光束相互的角度、聚焦位置以及光束的能量都会对焊缝成形造成影响。

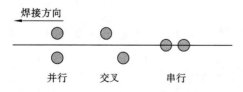

图 4-8　双光束激光焊接示意图

双光束激光焊接相对于单光束激光焊接,具有增加焊后熔深、增大焊后深宽比的优势,但是国内外对双光束激光焊接的研究甚少,光束间距的变化对焊后的焊接接头成形效果有很大的影响,且其影响机理尚未十分明确,所以其应用范围较窄,主要用于材料的 T 形焊接以及铝合金的焊接。

7）激光填丝焊接

激光填丝焊接时，激光光束首先作用在填充的焊丝上，焊丝被激光光束热熔化后填充焊缝间隙。然后在激光光束的继续作用下，母材金属被熔化、凝固，实现焊接。

总结起来，不锈钢激光焊接中，单一的激光焊接由于其功率较低只能实现薄板工件连接，难以满足厚板的焊接需求。复合焊和多光束激光焊具有预热和辅助功能，使得焊接厚板以及参数控制得到了很大的改善。激光填丝焊接以及活性激光焊接都是采用外加辅助材料来改善焊后工件的质量，并且在增加焊后熔深方面有显著的优势。

4.2.2　不锈钢材料激光焊接技能训练

1. 不锈钢材料激光焊接技能训练工作任务

不锈钢材料激光焊接技能训练工作任务是使用选定的激光焊接机将 2 块 20 mm×30 mm×1 mm 的 304 不锈钢片对接焊在一起，要求光斑直径在 1.2～1.6 mm 之间，拉力不小于 500 N，外观光亮平整，光斑重叠率 50%～60% 之间，焊缝长度不大于不锈钢片尺寸，如图 4-9 所示。

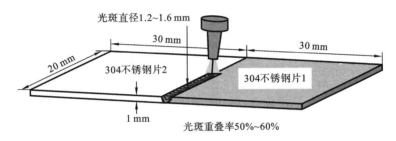

图 4-9　304 不锈钢片激光焊接

2. 不锈钢材料激光焊接技能训练步骤

（1）制定不锈钢材料激光焊接工作计划，填写表 4-3。

表 4-3　304 不锈钢片激光焊接工作计划表

序号	工作流程	主要工作内容	
1	任务准备	材料准备	
		设备准备	
		场地准备	
		资料准备	
2	制定 304 不锈钢片激光焊接工作计划	1	
		2	
		3	
		4	
3	注意事项		

（2）进行不锈钢材料激光焊接实战技能训练，填写工艺参数测试表 4-4。

表 4-4　304 不锈钢片激光焊接工艺参数测试表

304 不锈钢片激光焊接工艺参数测试表

测试人员				测试日期	
作业要求	光斑在 1.2～1.6 mm 之间,拉力不小于 500 N,焊缝外观光亮平整,重叠率 50%～60% 之间,焊接长度不能大于 25 mm				
设备参数记录	光纤芯径		扩束镜焦距		聚焦镜焦距
	峰值功率最大能量		平均功率		吹气方式

304 不锈钢片激光焊接工艺参数测试记录

测试次数	第 1 次	第 2 次	第 3 次	第 4 次	参数确认
焦距高度					
峰值功率					
脉宽波形					
出光频率					
效果对比					

304 不锈钢片激光焊接质量及质量改进措施

焊点尺寸影响	
焊点外观	
重叠率影响	
焊点机械性能影响	
质量改进措施	

（3）进行不锈钢材料激光焊接质量检验与评估,填写表 4-5。

表 4-5　304 不锈钢片激光焊接质量检验与评估表

工作环节	主 要 内 容	配分	得分
焊前准备 20 分	焊前清理操作正确	5	
	工件装夹正确	5	
	焊接程序正确	10	
工艺参数 30 分	离焦量准确、吹气参数正确	10	
	峰值功率、脉宽波形正确	10	
	焊接速度和出光频率正确	10	
产品质量 40 分	外观光亮平整,重叠率 50%～60% 之间,焊接长度不大于 25 mm	15	
	光斑在 1.2～1.6 mm 之间	10	
	拉力不小于 500 N	15	

工作环节	主 要 内 容	配分	得分
现场规范 10 分	人员安全规范	5	
	设备场地安全规范	5	
合计		100	

1. 注重安全意识,严守设备操作规程,不发生各类安全事故。
2. 注重成本意识,保证设备完好无损,尽可能节约训练耗材。

4.3　铝及铝合金材料激光焊接知识与技能训练

4.3.1　铝及铝合金材料激光焊接信息搜集

1. 铝及铝合金材料激光焊接典型产品

铝及铝合金材料激光焊接取得了大量应用,通常用作建筑门窗结构、手机电池、交通工具、精密仪器和医疗器械等场合的焊接,如图 4-10 所示。

图 4-10　铝及铝合金材料激光焊接典型产品

2. 铝及铝合金材料

1) 铝及铝合金材料分类

铝及铝合金材料按加工方法可以分为形变铝合金和铸造铝合金两大类,用于激光焊接的材料主要是形变铝合金,铝及铝合金的牌号如表 4-6 所示。

表 4-6　铝及铝合金的牌号

牌号系列	含义	牌号示例
1×××	纯铝（铝含量不小于 99.00%）	1050、1060 、1100
2×××	以铜为主要合金元素的铝合金	2024、2A16(LY16)
3×××	以锰为主要合金元素的铝合金	3003、3A21

续表

牌号系列	含义	牌号示例
4×××	以硅为主要合金元素的铝合金	4A01
5×××	以镁为主要合金元素的铝合金	5052、5083、5A05
6×××	以镁和硅为主要合金元素，并以 Mg2Si 为强化相的铝合金	6061
7×××	以锌为主要合金元素的铝合金	7075
8×××	以其他合金元素为主要合金元素的铝合金	8011
9×××	备用铝合金组	

(1) 纯铝的牌号命名法：铝含量不低于 99.00% 时为纯铝，其牌号用 1××× 系列表示。牌号的最后两位数字表示最低铝百分含量。当最低铝百分含量精确到 0.01% 时，牌号的最后两位数字就是最低铝百分含量中小数点后面的两位。牌号第二位的字符表示原始纯铝的改型情况。如果第二位的字母为 A，则表示为原始纯铝；如果是其他字符，则表示为原始纯铝的改型，与原始纯铝相比，其元素含量略有改变。

(2) 铝合金的牌号命名法：铝合金的牌号用 2×××～9××× 系列表示。牌号的最后两位数字没有特殊意义，仅用来区分同一组中不同的铝合金。牌号第二位的字符表示原始合金的改型情况。如果牌号第二位的字符是 A，则表示为原始合金；如果是其他字符，则表示为原始合金的改型合金。

2) 铝及铝合金材料主要用途

(1) 1××× 系列：1××× 系列属于含铝量最多、纯度可以达到 99.00% 以上的铝材。市场上最常用的为 1050 以及 1060 系列。根据合金技术标准 GB/T 3880—2006 和国际牌号命名原则，1××× 系列根据最后两位阿拉伯数字来确定这个系列的最低含铝量，比如 1050 系列最后两位阿拉伯数字为 50，即含铝量必须达到 99.5% 以上方为合格产品。

1××× 系列铝材热加工和冷加工性能好，导热导电率高，抗腐蚀性能优良，广泛用于要求成形性能良好、抗蚀、可焊的工业设备，也可作为电导体材料。

(2) 2××× 系列：2××× 系列铝合金的特点是硬度较高，铜元素含量在 3%～5%，属于航空铝材。

(3) 3××× 系列：3××× 系列铝合金的锰元素含量在 1.0%～1.5% 之间，防锈功能较好。

(4) 4××× 系列：4××× 系列铝合金的硅含量在 4.5%～6.0% 之间，是建筑、机械零件及焊接材料。

(5) 5××× 系列：5××× 系列铝合金的含镁量在 3%～5% 之间，又可以称为铝镁合金，防锈性能良好，属市场上最常用铝板系列。

(6) 6××× 系列：6××× 系列铝合金含有镁和硅两种元素，集中了 4××× 系列和 5××× 系列的优点，广泛用于门框、家具以及飞机、船舶、建筑物等构件。

(7) 7××× 系列：7××× 系列铝合金是铝镁锌铜合金，是超硬可热处理铝合金，有良好的耐磨性，也有良好的焊接性，但耐腐蚀性较差。

（8）8×××系列：8×××系列铝合金大部分应用为铝箔。

（9）9×××系列：9×××系列铝合金是备用铝合金。

3. 铝及铝合金材料的焊接性能

1）铝及铝合金材料焊接性能综述

不同铝及铝合金材料的焊接性能各异，1×××系列、3×××系列和5×××系列铝合金材料具有良好的焊接性能；4×××系列铝合金的裂纹敏感性极低；5×××系列铝合金当 $\omega(Mg)=2\%$ 时合金产生裂纹，随着镁含量升高，焊接性能有所改善。2×××系列、6×××系列和7×××系列铝合金的热裂倾向较大，焊缝成形不良，焊后时效硬度显著降低。

综上所述，铝及铝合金材料焊接需采用合适的工艺措施，应正确选择焊接方法和填充材料，以获得性能良好的焊接接头。焊接前可对材料进行表面处理，使用有机溶剂去除油污灰尘，随后再在 NaOH 溶液中浸洗，用流动水将表面碱液冲洗干净后再进行光化处理，处理过的焊件应在 24 h 内进行焊接。

2）铝及铝合金材料激光焊接注意事项

（1）激光吸收率：表 4-7 所示的是各种金属对不同波长激光的反射率，可以看出，各种金属的反射率随波长变短而降低，在室温下铝合金对 CO_2 激光器激光光束的吸收率不到2%，YAG 激光器激光光束的吸收率不到20%。铝合金表面对激光具有较高的反射率。

表 4-7　各种金属对不同波长激光的反射率

$\lambda/\mu m$	Ag	Al	Cu	Cr	Ni	Steel
0.70	95	77	82	56	68	58
1.06	97	80	91	58	75	63
10.60	99	98	98	93	95	93

（2）小孔效应的稳定：前面我们知道，激光深熔焊接原理主要是小孔效应。在铝及铝合金材料的激光焊接中小孔的诱导和维持稳定困难，需要较大的激光能量密度阈值。不同的铝合金激光焊接对焊接机选型以及准直聚焦镜的选择都有一定要求。

（3）焊缝的机械性能降低：激光焊接过程中，铝及铝合金材料中的 Mg、Zn 等低熔点合金元素的大量蒸发会导致焊缝下沉，硬度和强度下降。瞬时凝固过程中，细晶强化组织的硬度、强度会有所下降。此外，焊缝中裂纹、气孔的存在导致抗拉强度降低。

（4）气孔：铝及铝合金材料激光焊接过程中，容易产生氢气孔和匙孔塌陷两类气孔，其中氢气孔问题更加严重。

（5）热裂纹：铝及铝合金材料激光焊接过程中容易出现热裂纹，包括焊缝结晶裂纹和液化裂纹。通常结晶裂纹出现在焊缝区，液化裂纹出现在近缝区。

4. 铝及铝合金材料焊接工艺几个因素

1）气体保护装置

激光焊接过程中，影响铝及铝合金材料中低熔点合金元素熔烧损失的主要因素是保护气体从喷嘴喷出时产生的气体压力，减小喷嘴直径、增加气体压力和流速可降低 Mg、Zn 等低熔点合金元素在焊接过程中的熔烧损失，同时也可以增加熔深。

2）表面处理

对铝及铝合金材料进行适当的表面预处理，如阳极氧化、电解抛光、喷沙处理、喷砂等方式，可以显著提高表面对光束能量的吸收。如果不破坏材料表面状态，又想简化激光焊接工艺过程，可以采用焊前升高工件表面温度的方法提高材料对激光的吸收率。

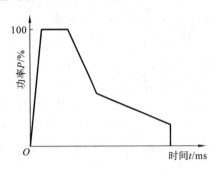

图 4-11　铝及铝合金材料脉冲激光焊接波形

3）激光器参数

（1）脉冲激光焊接波形选择：铝及铝合金材料脉冲激光焊接时应选择合适的焊接波形，一般应选择尖形波和双峰波，如图 4-11 所示。波形上升阶段能提供较大能量使材料熔化，一旦工件小孔效应形成，开始进行深熔焊时应减小激光能量，以免造成飞溅。

采用此类焊接波形进行焊接时，后面缓降部分脉宽较长，降低了熔池的凝固速度，能够有效地减少气孔和裂纹的产生，在焊接不同种类样品时应做适当调整。

选择合适的离焦量也可减少气孔的产生，脉冲焊接负离焦可以增加熔深，脉冲焊接正离焦会使焊缝表面平滑美观。

为了防止激光光束垂直入射损害聚焦镜，通常将焊接头偏转一定角度，此时焊点直径和有效结合面的直径随激光倾斜角增大而增大，当激光倾斜角度为 40°时，获得最大的焊点及有效结合面。

铝及铝合金材料焊接速度越快，越容易出现裂纹，同时工件熔深相对变小。

（2）连续模式激光焊接：铝及铝合金材料使用连续激光器焊接时裂纹倾向不是很明显。随着大功率光纤激光器的出现，连续模式激光焊接铝及铝合金材料体现出明显优势。

图 4-12 所示的是以脉冲激光和连续激光焊接铝电池壳体封口焊缝对比。我们可以看出，脉冲激光焊接的焊点不均匀，咬边，表面有凹陷，飞溅较多，焊后强度不高；而连续激光焊接的焊缝表面平滑均匀，无飞溅，无缺陷，焊缝内部未发现裂纹。由于连续激光器的光斑比较小，对工件的装配精度要求较高。

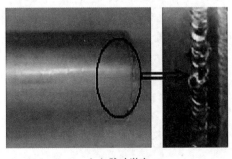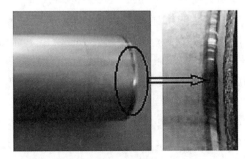

（a）脉冲激光　　　　　　　　　　　　　　（b）连续激光

图 4-12　脉冲激光和连续激光焊接铝电池壳体封口焊缝对比

氩弧焊接时易出现弧坑，激光焊接也一样，收尾时易出现小坑，可在焊接时通过渐进渐出的方式来改善，即在波形中设置一个缓升缓降阶段；另外，焊接时可以适当提高焊接速度，以避免出现小坑。

4）引入合金元素

6×××系列铝合金有很强的裂纹敏感性,当 $\omega(Mg2Si)=1\%$ 时就会出现热裂纹,通过添加合适的合金元素来调整熔池化学成分加以改善,如添加 Al-Si 或者 Al-Mg-Si 粉,对减少裂纹有一定好处。通常在 6063 和 6082 铝合金中填入 Al-5Si 和 Al-7Si 焊丝,6013 和 6056 铝合金板分别使用 CO_2 和 YAG 激光器焊接,填 Al-12Si 焊丝。

5）铝及铝合金材料焊接其他工艺方法

激光—电弧复合焊接对于高反光材料焊接具有很大优势,我们在不锈钢激光焊接中做过简介。还可以采用 10 kW 的 CO_2 激光器与 TIG 和 MIG 电弧复合对铝合金进行焊接,焊缝熔深比提高了 5%～20%,同时焊缝表面成形平滑良好。

双光束激光焊接铝合金也是一种办法,研究结果表面,采用 6 kW 连续光纤激光器进行5052 铝合金双光束对接焊时,采用双光束并行方式焊接的焊缝中存在较大孔洞,采用串行方式焊接铝合金可获得良好的焊缝成形,不会出现气孔。

4.3.2　铝及铝合金材料激光焊接技能训练

1. 铝合金材料激光焊接技能训练工作任务

铝及铝合金材料激光焊接技能训练工作任务是使用选定的激光焊接机将 2 块 20 mm×30 mm×1 mm 的 3003 铝合金片对接焊在一起,要求光斑直径在 1.2～1.6 mm 之间,拉力不小于 300 N,焊缝外观光亮平整,光斑重叠率 50%～60% 之间,焊缝长度不大于铝合金片尺寸,如图 4-13 所示。

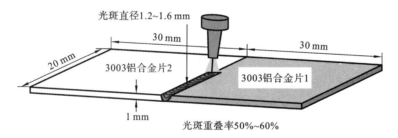

光斑直径1.2~1.6 mm

30 mm

30 mm

20 mm

3003铝合金片2

3003铝合金片1

1 mm

光斑重叠率50%~60%

图 4-13　3003 铝合金片激光焊接

2. 铝合金材料激光焊接技能训练步骤

（1）制定铝合金材料激光焊接工作计划,填写表 4-8。

表 4-8　3003 铝合金片激光焊接工作计划表

序号	工 作 流 程		主 要 工 作 内 容
1	任务准备	材料准备	
		设备准备	
		场地准备	
		资料准备	

续表

序号	工作流程	主要工作内容	
2	制定 3003 铝合金片激光焊接工作计划	1	
		2	
		3	
		4	
3	注意事项		

(2) 进行铝合金材料激光焊接实战技能训练,填写工艺参数测试表 4-9。

表 4-9   3003 铝合金片激光焊接工艺参数测试表

3003 铝合金片激光焊接工艺参数测试表

测试人员			测试日期	
作业要求	光斑在 1.2～1.6 mm 之间,拉力不小于 300 N,焊缝外观光亮平整,重叠率 50%～60% 之间,焊缝长度不大于铝合金片尺寸			
设备参数记录	光纤芯径		扩束镜焦距		聚焦镜焦距	
	峰值功率最大能量		平均功率		吹气方式	

3003 铝合金片激光焊接工艺参数测试记录

测试次数	第 1 次	第 2 次	第 3 次	第 4 次	参数确认
焦距高度					
峰值功率					
脉宽波形					
出光频率					
效果对比					

3003 铝合金片激光焊接质量及质量改进措施

焊缝尺寸影响	
焊缝外观	
重叠率影响	
焊缝力学性能影响	
质量改进措施	

(3) 进行铝合金材料激光焊接质量检验与评估,填写表 4-10。

表 4-10   3003 铝合金片激光焊接质量检验与评估表

工作环节	主要内容	配分	得分
焊前准备 20 分	焊前清理操作正确	5	
	工件装夹正确	5	
	焊接程序正确	10	

续表

工作环节	主要内容	配分	得分
工艺参数 30 分	离焦量准确、吹气参数正确	10	
	峰值功率、脉宽波形正确	10	
	焊接速度和出光频率正确	10	
产品质量 40 分	外观光亮平整,重叠率在 50%～60% 之间,焊接长度不大于工件尺寸	15	
	光斑在 1.2～1.6 mm 之间	10	
	拉力不小于 300 N	15	
现场规范 10 分	人员安全规范	5	
	设备场地安全规范	5	
合计		100	

1. 注重安全意识,严守设备操作规程,不发生各类安全事故。
2. 注重成本意识,保证设备完好无损,尽可能节约训练耗材。

4.4　铜及铜合金材料激光焊接知识与技能训练

4.4.1　铜及铜合金材料激光焊接信息搜集

1. 铜及铜合金材料激光焊接典型产品

铜及铜合金材料激光焊接取得了大量应用,通常应用于电极材料、散热元件、交通工具、武器装备和医疗器械等场合的焊接,如图 4-14 所示。

图 4-14　铜及铜合金材料激光焊接典型产品

2. 铜及铜合金材料分类

纯铜呈紫红色,又称紫铜,具有优良的导电性、导热性、延展性和耐蚀性。

铜合金是以纯铜为基体,加入一种或几种其他元素(主要有 Zn、Al、Sn、Mn、Ni、Fe、Be、Ti、Cr、Zr 等)构成的合金,常用的铜合金分为黄铜、青铜、白铜 3 大类。

以锌作主要添加元素的铜合金统称黄铜。铜锌二元合金称普通黄铜。三元以上的黄铜称特殊黄铜或称复杂黄铜,复杂黄铜又以第三组元成分的名字命名为镍黄铜、硅黄铜等。

以镍为主要添加元素的铜合金统称白铜。铜镍二元合金称普通白铜;加有锰、铁、锌、铝等元素的白铜合金称复杂白铜。

除黄铜、白铜以外的铜合金均称青铜,并常在青铜名字前冠以第一主要添加元素的名,如锡青铜、铅青铜、铝青铜、铍青铜和磷青铜等。

如图 4-15 所示的国家标准《加工铜及铜合金化学成分和产品形状》(GB/T 5231—2001)对所有铜产品的分类及化学成分都有详细规定。

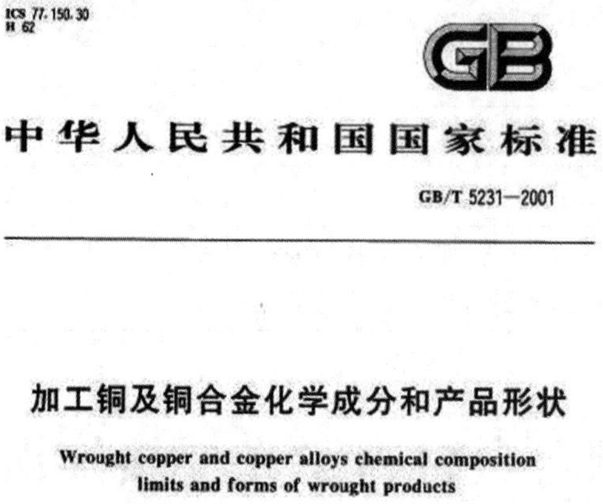

ICS 77.150.30
H 62

中华人民共和国国家标准

GB/T 5231—2001

加工铜及铜合金化学成分和产品形状

Wrought copper and copper alloys chemical composition
limits and forms of wrought products

图 4-15 《加工铜及铜合金化学成分和产品形状》国家标准示意图

3. 铜及铜合金材料焊接性能

1)铜及铜合金材料焊接性能综述

铜及铜合金材料整体焊接性能比较差,主要体现在以下几点。

(1)难熔合及易变形;

(2)易产生裂纹;

(3)焊接接头性能下降;

(4)合金元素的氧化和蒸发。

为了保证铜及铜合金材料的焊接过程顺利进行,对比于热传导焊接方式,应优先采用深熔化焊接方式。

2)纯铜的熔化焊焊接性能

纯铜没有任何其他金属元素,焊接时很难达到熔化临界点,在进行激光焊接时先对材料进行预热,为了减小变形的几率,激光的功率可以设置得低一点。

3)黄铜的熔化焊焊接性能

黄铜焊接过程中的热裂纹倾向小于纯铜和青铜,但有诱发冷裂纹的可能。

黄铜的熔化焊焊接中的最大问题是锌元素的蒸发和烧损,这不仅使焊接接头的力学性能和耐腐蚀性能降低,气孔倾向增加,且所产生的氧化锌白色烟雾会妨碍操作,对健康有害,必须采取预防措施。

4) 青铜的熔化焊焊接性能

(1) 硅青铜：硅青铜是铜合金中熔焊焊接性能最好的，可以采用除氧乙炔气焊以外的所有焊接方法进行焊接。

(2) 锡青铜：锡会降低焊缝接头强度和耐蚀性，甚至形成气孔和热裂纹，因此锡青铜焊接性能不良。

(3) 铝青铜：在各类青铜中，铝青铜的焊接性能最差。

(4) 铍青铜：铍青铜是铜合金中机械性能最好的材料，焊接性能良好。

5) 白铜的熔化焊焊接性能

白铜的导电性和导热性均与碳钢相近，焊接性能较好，是可以采用热传导焊接方式的材料之一。但白铜对 Pb、P、S 等杂质非常敏感，有可能引起热裂纹，故必须严格控制焊接材料中杂质含量。

4. 铜及铜合金材料激光焊接

1) 激光器选择

高功率光纤激光器是铜及铜合金材料激光焊接的首选。单模光纤激光器可实现 1.5 mm 焊接深度的铜焊缝，且激光功率不小于 1 kW 功率；多模光纤激光器的激光功率应该更大一些。

可见，光波段激光器（例如波长为 532 nm 的绿光激光器）用于铜及铜合金材料激光焊接从理论上讲有显著优势，但现有可见光波段激光器的功率对大多数工业应用而言还不够大。

固体铜合金对红外激光器的吸收率小于 4%，而铜蒸气的吸收率则高于 60%，如表 4-11 所示。如果激光器的功率密度能使得材料熔化甚至蒸发，其吸收率则会显著增加，这也是 YAG 激光器和 CO_2 激光器可以用于铜及铜合金材料激光焊接的条件。

表 4-11　铜及铜合金材料在不同状态下对近红外激光吸收率

状态	吸收率（%）
固体	4
液体	10
匙孔深熔	>60

2) 焊接速度

铜及铜合金材料激光焊接在低速焊接时存在不稳定性。由实验可知，焊接速度小于 5 m/min 时，焊接过程中会出现飞溅、气孔和不规则焊缝表面等问题；焊接速度在 5～15 m/min 范围内，焊接质量能达到可接受的水平。焊接速度高于 15 m/min 时，产生的焊缝基本没有缺陷，如图 4-16 所示。这个速度已经是传统运动系统所能达到的极限范围。

由图 4-16 还可以看出，随着焊接速度的提高，在合金焊缝质量提高的同时焊缝深度却降低了，这就需要更高的激光功率，设备投入将增加。

为了解决上述问题，可以通过一个装置来实现光束导向镜片动态位置变化，可用来在相对较低的焊接速度下形成稳定的焊点。这个光束的动态控制装置可以是传统的扫描振镜，也可以是新型的摆动焊接头，如图 4-17 所示。

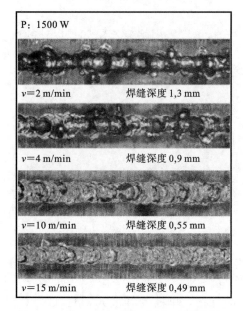

P: 1500 W

$v=2$ m/min   焊缝深度 1,3 mm

$v=4$ m/min   焊缝深度 0,9 mm

$v=10$ m/min   焊缝深度 0,55 mm

$v=15$ m/min   焊缝深度 0,49 mm

图 4-16　加工速度对铜及铜合金焊缝质量
　　　　 和焊缝深度的影响

图 4-17　摆动焊接头外形

摆动焊接头结合了焊接头与扫描振镜的性能优势,内置两个振镜就能够灵活地使用各种预先编程的图形和形状,例如圆形、线条或"8"字形,以及一定尺寸内可自由编程的图形和形状。摆动焊接头使用标准的聚焦镜而不是 f-θ 场镜,可以在较低的焦点偏移水平下承受更高的功率密度,同时,常规的横向气帘和防护窗的使用降低了耗材成本。

IPG 推出的 FLW-D50 和 FLW-D30 系列摆动焊接头可以在高达 1 kHz 的摆动频率下工作,承受的激光功率可以高达 12 kW,并且可以方便地集成到各种加工系统中。

摆动焊接头的摆动频率和摆动路径控制了光束速度,最终可以非常准确的控制焊缝形状和宽度及焊接质量。

如图 4-18 所示,摆动焊接头的摆动直径可用于定制焊缝横截面的形状。小的摆动直径会形成激光焊接的典型 V 形横截面,而逐渐增大的摆动直径能将焊缝横截面从 V 形变为 U 形或非常规则的矩形。如果单位长度焊缝的能量输入恒定,则焊缝横截面几乎保持不变,能够满足对焊缝横截面的特定应用要求。限于篇幅这里不再赘述详细过程,有兴趣的读者可以参考相关资料。

3) 焊接方式

焊接铜及铜合金材料,也可以使用脉冲持续时间为几毫秒的长脉冲光纤激光器代替灯泵浦 YAG 激光器。与灯泵浦 YAG 激光器一样,使用长脉冲光纤激光器也需要首先克服脉冲开始时吸收较弱的问题,同时要准确控制激光吸收率和热传导变化所引起的能量输入。

使用长脉冲光纤激光器减小了光斑尺寸,但能量密度较大会导致材料过热产生飞溅。和连续激光器所用的工艺一样,可以在此类长脉冲激光器上使用摆动焊接头,摆动焊接头使得激光光束在相对较短的脉冲时间内移动相对较长的距离,不会产生诸如气孔、强烈的飞溅或不均匀的焊透深度等焊接缺陷,得到高焊接质量、低平均功率的工件。

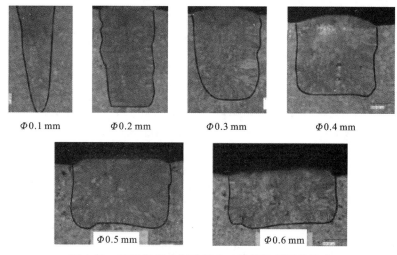

$\Phi 0.1\,mm$ $\Phi 0.2\,mm$ $\Phi 0.3\,mm$ $\Phi 0.4\,mm$

$\Phi 0.5\,mm$ $\Phi 0.6\,mm$

图 4-18 　摆动焊接头摆动幅度对焊缝横截面的影响

4.4.2　铜及铜合金材料激光焊接技能训练

1. 铜及铜合金材料激光焊接技能训练工作任务

铜及铜合金材料激光焊接技能训练工作任务是使用选定的激光焊接机将 2 块 20 mm×30 mm×1 mm 的 T1 紫铜片重叠点焊在一起,焊点 5 个,要求光斑直径在 1.0～1.5 mm 之间,拉力不小于 50 N,外观光亮平整,如图 4-19 所示。

2. 铜及铜合金材料激光焊接技能训练步骤

(1)制定铜及铜合金材料激光焊接工作计划,填写表 4-12。

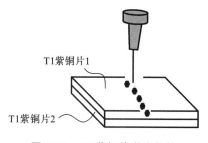

图 4-19 　T1 紫铜片激光焊接

表 4-12 　T1 紫铜片激光焊接工作计划表

序号	工作流程	主要工作内容	
1	任务准备	材料准备	
		设备准备	
		场地准备	
		资料准备	
2	制定 T1 紫铜片激光焊接工作计划	1	
		2	
		3	
		4	
3	注意事项		

（2）进行铜及铜合金激光焊接实战技能训练，填写工艺参数测试表 4-13。

表 4-13　T1 紫铜片激光焊接工艺参数测试表

T1 紫铜片激光焊接工艺参数测试表

测试人员			测试日期	
作业要求	两块纯铜点焊在一起，焊点 5 个，要求光斑直径在 1.0～1.5 mm 之间，拉力不小于 50 N，外观光亮平整			
设备参数记录	光纤芯径		扩束镜焦距	聚焦镜焦距
	峰值功率最大能量	平均功率		吹气方式

T1 紫铜片激光焊接工艺参数测试记录

测试次数	第 1 次	第 2 次	第 3 次	第 4 次	参数确认
焦距高度					
峰值功率					
脉宽波形					
出光频率					
效果对比					

T1 紫铜片激光焊接质量及质量改进措施

焊点尺寸影响	
焊点外观	
重叠率影响	
焊点力学性能影响	
质量改进措施	

（3）进行铜及铜合金材料激光焊接质量检验与评估，填写表 4-14。

表 4-14　T1 紫铜片激光焊接质量检验与评估表

工作环节	主要内容	配分	得分
焊前准备 20 分	焊前清理操作正确	5	
	工件装夹正确	5	
	焊接程序正确	10	
工艺参数 30 分	离焦量准确、吹气参数正确	10	
	峰值功率、脉宽波形正确	10	
	焊接速度和出光频率正确	10	
产品质量 40 分	外观光亮平整	15	
	光斑在 1.0～1.5 mm 之间	10	
	拉力不小于 50 N	15	

续表

工作环节	主 要 内 容	配分	得分
现场规范 10 分	人员安全规范	5	
	设备场地安全规范	5	
合计		100	

1. 注重安全意识,严守设备操作规程,不发生各类安全事故。

2. 注重成本意识,保证设备完好无损,尽可能节约训练耗材。

4.5 钛及钛合金材料激光焊接知识与技能训练

4.5.1 钛及钛合金材料激光焊接信息搜集

1. 钛及钛合金材料激光焊接典型产品

钛及钛合金材料越来越多地用于民用产品,如眼镜架、自行车、假牙、高尔夫球杆等,如图 4-20 所示。钛及钛合金材料激光焊接取得了大量应用,如表 4-15 所示。

（a）钛合金眼镜架　　　　　　（b）钛合金自行车前叉

图 4-20 钛及钛合金激光焊接典型产品

表 4-15 钛及钛合金材料激光焊接应用

应 用 领 域	具 体 用 途
航空航天	喷气发动机部件、机身部件、火箭、人造卫星、导弹等部件
	压气机和风扇叶片、盘、机匣、导向叶片、轴、起落架、襟翼、阻流板、发动机舱、隔板、翼梁、燃料箱、助推器
化学、石油化工和一般工业	用于氯碱、纯碱、塑料、石油化工、冶金、制盐等工业的电解槽、反应器、蒸馏塔、浓缩器、分离器、热交换器、管道、电极等
舰船	潜艇耐压壳体、螺旋桨、喷水推进器、海水换热系统、舰船泵（阀及管子）
海洋工程	海水淡化用管道、海洋石油钻探用泵、阀、管件等

续表

应 用 领 域	具 体 用 途
生物医疗	人工关节、人工植牙和正牙、心脏起搏器、心血管支架、手术器械等
体育器械	高尔夫球头、网球拍、羽毛球拍、台球杆、登山棍、滑雪杖、冰刀等
生活用品	眼镜架、手表、拐杖、钓鱼竿、厨具、数码产品壳体、工艺品、装饰品等
建筑	建筑物的屋顶、外壁、装饰物、标牌、栏杆、管道等
汽车	汽车的排气和消音系统、承重弹簧、连杆和螺栓等

2. 钛及钛合金材料

钛及钛合金有三种基体组织，包括 α 钛合金、α＋β 钛合金和 β 钛合金。α 钛合金组织稳定，耐磨性高，抗氧化能力强；β 钛合金室温强度高，但热稳定性较差，不宜在高温下使用；α＋β 钛合金具有良好的综合性能。

三种钛合金中最常用的是 α 钛合金和 α＋β 钛合金，α 钛合金代号为 TA，β 钛合金代号为 TB，α＋β 钛合金代号为 TC。

常用的钛及钛合金牌号如表 4-16 所示。

表 4-16　不同国家和地区常用钛及钛合金牌号对照表

国标		美标	俄标	日标
TA1	工业纯钛	GR1	BT1-0	TP270
TA1-1	工业纯钛（板换）	GR1	BT1-00	
TA2	工业纯钛	GR2		TP340
TA3	工业纯钛	GR3		TP450
TA4	工业纯钛	GR4		TP550
TA7	Ti-5AL-2.5Sn	GR6	BT5-1	TAP5250
TA8	Ti-0.05Pd	GR16		
TA8-1	Ti-0.05Pd（板换）	GR17		
TA9	Ti-0.2Pd	GR7		TP340Pb
TA9-1	Ti-0.2Pd（板换）	GR11		
TA10	Ti-0.3Mo-0.8Ni	GR12		
TA11	Ti-8AL-1Mo-1V	Ti-811		
TA15	Ti-6.5AL-1Mo-1V-2Zr		BT-20	TA15
TA17	Ti-4AL-2V		πT-3B	
TA18	Ti-3AL-2.5V	GR9	OT4-B	TAP3250
TB5	Ti-15V-3AL-3Gr-3Sn	Ti-15333		
TC1	Ti-2AL-1.5Mn		OT4-1	

续表

国标		美标	俄标	日标
TC2	Ti-4AL-1.5Mn		OT4	
TC3	Ti-5AL-4V		BT6C	
TC4	Ti-6AL-4V	GR5	BT6	TAP6400
TC10	Ti-6AL-6V-2Sn-0.5Cu-0.5Fe	Ti-662		
TC24	Ti-4.5AL-3V-2Mo-2Fe			SP-700

3. 钛及钛合金材料焊接性能

在常温下,由于钛及钛合金表面形成致密的氧化膜,因此是非常稳定的材料。

在焊接过程中,高温液态熔池金属具有激烈吸收氢、氧、氮的效果,在 250 ℃左右开始吸收氢,从 400℃开始吸收氧,从 600 ℃开始吸收氮,这些气体被吸收后,将会引起焊接接缝性能脆化,产生气孔,严重影响焊接质量。

1)氢的影响

氢是影响钛及钛合金材料焊接性能最主要的因素,焊缝含氢量对冲击韧性影响最为明显,对强度及塑性的影响效果不很明显。

2)氧的影响

氧能够提升钛及钛合金的硬度和强度,但塑性却明显下降。

3)氮的影响

氮的影响和氧的影响类似,但作用程度比氧更强。

4)碳的影响

在碳含量为 0.13% 附近时,碳的影响不及氧氮的效果激烈。进一步提升焊缝含碳量时,会使焊缝塑性急剧下降,以至出现裂纹。

焊接钛及钛合金时容易形成气孔,主要因素有焊接工艺不正确、保护气体的纯度不够以及接头污染等。鉴于钛的高活性,钛及钛合金焊接前应对接头部位进行仔细清理。

清理方法为先用机械方法去除表面氧化皮,然后进行酸洗。酸洗液为 2%～4%HF＋30%～40%HNO$_3$＋H$_2$O（余量）。最后用清水冲洗干净并烘干。临焊接前再用丙酮或酒精擦洗。清洗后的焊件必须在 72 h 内焊完,否则需重新清理。

4. 钛及钛合金材料焊接方法

研究表明,钛合金激光焊接模式如果为稳定的热传导焊,焊缝成形均匀,熔深和缝宽均很小;如果为稳定的深熔焊,焊缝成形也很均匀,熔深和缝宽明显大于热导焊,且在一定范围内连续变化。所以,钛及钛合金的激光焊接主要有以下几种方式。

1)高功率 CO$_2$ 激光器

有资料说明,使用功率为 25kW 的 CO$_2$激光器可以一次性焊透 20 mm 厚的钛板。

2)较低功率 YAG 激光器

使用光纤传输 YAG 激光器焊接更具灵活性,但由于功率低而使得穿透深度受到限制,激光焊接时易产生飞溅,使得表面不清洁。

3) 低功率激光—电弧复合焊接

激光—电弧复合焊接对于高反光材料焊接具有很大优势,采用 500W 脉冲 YAG 激光器与 TIG 电弧复合对 TA15 钛合金材料进行焊接,能获得良好的焊缝质量,如图 4-21 所示。

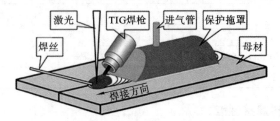

图 4-21　低功率激光—电弧复合焊接钛合金示意图

4.5.2　钛及钛合金材料激光焊接技能训练

1. 钛及钛合金材料激光焊接技能训练工作任务

钛及钛合金材料激光焊接技能训练工作任务是使用选定的激光焊接机将 2 块 20 mm×30 mm×1 mm 的 TC4 钛合金片对接焊在一起,要求光斑直径在 1.2~1.6 mm 之间,拉力不小于 600 N,外观光亮平整,光斑重叠率在 50%~60% 之间,焊缝长度不大于钛合金片尺寸,如图 4-22 所示。

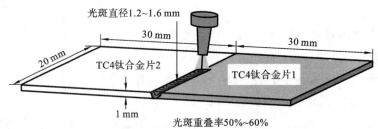

图 4-22　TC4 钛合金片激光焊接

2. 钛及钛合金材料激光焊接技能训练步骤

(1) 制定钛及钛合金材料激光焊接工作计划,填写表 4-17。

表 4-17　TC4 钛合金片激光焊接工作计划表

序号	工 作 流 程	主 要 工 作 内 容	
1	任务准备	材料准备	
		设备准备	
		场地准备	
		资料准备	
2	制定 TC4 钛合金片激光焊接工作计划	1	
		2	
		3	
		4	
3	注意事项		

（2）进行 TC4 钛合金片激光焊接实战技能训练，填写工艺参数测试表 4-18。

表 4-18　TC4 钛合金片激光焊接工艺参数测试表

TC4 钛合金片激光焊接工艺参数测试表					
测试人员				测试日期	
作业要求	光斑在 1.2～1.6 mm 之间，拉力不小于 600 N，外观光亮平整，重叠率 50％～60％之间，焊缝长度不大于钛合金片尺寸				
设备参数记录	光纤芯径		扩束镜焦距		聚焦镜焦距	
	峰值功率最大能量		平均功率		吹气方式	

TC4 钛合金片激光焊接工艺参数测试记录					
测试次数	第 1 次	第 2 次	第 3 次	第 4 次	参数确认
焦距高度					
峰值功率					
脉宽波形					
出光频率					
效果对比					

TC4 钛合金片激光焊接质量及质量改进措施	
焊点尺寸影响	
焊缝外观	
重叠率影响	
焊缝力学性能影响	
质量改进措施	

（3）进行钛及钛合金材料激光焊接质量检验与评估，填写表 4-19。

表 4-19　TC4 钛合金片激光焊接质量检验与评估表

工作环节	主 要 内 容	配　分	得　分
焊前准备 20 分	焊前清理操作正确	5	
	工件装夹正确	5	
	焊接程序正确	10	
工艺参数 30 分	离焦量准确、吹气参数正确	10	
	峰值功率、脉宽波形正确	10	
	焊接速度和出光频率正确	10	
产品质量 40 分	外观光亮平整，重叠率 50％～60％之间，焊接长度不大于工件尺寸	15	
	光斑在 1.2～1.6 mm 之间	10	
	拉力不小于 600 N	15	

续表

工作环节	主 要 内 容	配 分	得 分
现场规范 10分	人员安全规范	5	
	设备场地安全规范	5	
	合计	100	

1. 注重安全意识,严守设备操作规程,不发生各类安全事故。
2. 注重成本意识,保证设备完好无损,尽可能节约训练耗材。

4.6 异种金属材料激光焊接知识与技能训练

4.6.1 异种金属材料激光焊接信息搜集

1. 异种金属材料激光焊接典型产品

异种金属材料焊接是解决构件同时满足多方面性能要求的有效途径,异种金属材料激光焊接始于 20 世纪 70 年代,目前在航空航天、船舶制造、汽车制造等领域取得了大量应用,如图 4-23 所示。

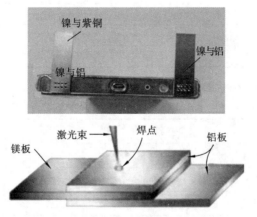

图 4-23 异种金属材料激光焊接典型产品

2. 异种金属材料性能差异对焊接性能的影响

1) 异种金属材料热物性差异

金属材料的热物性是指它们与热学性能相关的物理性能,如熔化温度、质量热容标、导热系数、热膨胀系数,等等。

常见金属材料的热物性差异是影响焊接过程的主要因素。第一,异种金属材料熔点不同时,熔点低的材料达到熔化状态,熔点高的材料仍呈固体状态,这时已经熔化的材料容易造成材料流失、合金元素烧损或蒸发,使焊缝的化学成分发生变化。例如焊接铁与铅时(熔点相差很大),不仅两种材料在固态时不能相互溶解,而且在液态时彼此之间也不能相互溶解,液态金属冷却后各自单独进行结晶。第二,异种金属材料热膨胀系数差异将导致较大焊接应力与焊接变形,并产生裂纹。第三,材料的热导率和质量热容标差异使焊缝金属晶粒严重粗化,并影响难熔金属的润湿性能。第四,异种金属材料热膨胀系数、热导率和质量热容标等热物性参数会随温度变化而变化,导致激光焊接过程更加复杂。

2)异种金属材料激光吸收性能差异

激光焊接过程中,异种金属材料对激光光束的吸收率存在差异,如表4-20所示。吸收率差异较大的金属材料激光焊接,熔池容易出现偏熔现象,匙孔不稳定,给焊接过程带来困难。

表 4-20 常用金属材料室温激光吸收率

金属材料种类	室温激光吸收率%	
	1.06 μm	10.6 μm%
不锈钢	31	9
钛	26	8
锌	16	3
镍	15	5
纯铁	10	3
碳钢	9	3
铝	6	2
铜	5	1.5

3. 异种金属材料激光焊接性能分析

1)异种钢材激光焊接

国内、外异种钢材激光焊接主要集中在不锈钢和低碳钢的焊接。激光焊接奥氏体钢与铁素体钢,可以得到更小的焊缝熔化区和热影响区,是异种金属材料激光焊接的常见方式。

2)铝合金—钢材激光焊接

铝合金—钢材熔点差异大,易形成金属间化合物的异种材料,并且铝合金—钢材具有高反射率和高热传导系数的特点,激光焊接时需要较高的能量密度。

钢铝异种材料填充焊丝激光焊接已实现了生产应用,如"空中客车"飞机机翼和隔板T形接头的激光焊接。

3)镁铝合金激光焊接

铝及铝合金具有良好的耐蚀性、较高的比强度、较好的导电性及导热性等优点。镁是比铝还轻的一种有色金属,也具有较高的强度和刚度及良好的抗振能力。镁铝焊接的主要问题在于母材本身极易氧化,热传导系数大,易产生裂纹和气孔等焊接缺陷,且极易产生金属间化合物,从而显著降低了焊接接头的力学性能。

采用激光—TIG复合焊对镁铝异种金属进行焊接,激光增加了TIG的能量利用率,TIG

增加了激光的吸收率,由于焊速高以及对熔池的快速搅拌作用,改善了异种金属镁铝的焊接性能。

4）铜材与其他金属及合金焊接

铜材焊接的主要困难在于高反射率。用连续 CO_2 激光器对铜镍异种材料进行焊接时可以发现,异种金属焊接熔池形状是不对称的,焊缝两侧有着完全不同的微观组织。采用无钎激光焊对钢—镍钴合金、铜—钢、铜—铝进行焊接时,两种材料的熔化比例是控制焊接结果无裂纹的关键因素。

激光焊接异种金属材料从异种钢材扩展到有色金属及其合金,特别是针对镁铝合金、钛铝合金以及镍基高温合金的激光焊接已取得了相当进展,获得了具有一定熔深与强度的焊接接头。但是,异种金属材料激光焊接研究还刚刚开始比较,精确建模仍存在困难。另外,对激光钎焊,激光—TIG 复合焊等焊接机制仍待深入研究。

表 4-21 表明了异种金属材料焊接难易程度,值得注意的是,金属与合金成份不同对焊接难易程度有较大影响,表格仅供参考。

表 4-21　异种金属材料焊接难易程度

难易度	不锈钢	模具钢	碳钢	合金钢	镍	锌	铝	金	银	铜
不锈钢	易									
模具钢	易	易								
碳钢	易	易	易							
合金钢	易	易	易	易						
镍	易	易	易	易	易					
锌	易	易	易	易	易	易				
铝	稍难	稍难	稍难	稍难	稍难	稍难	较易			
金	难	难	难	难	难	难	难	稍难		
银	难	难	难	难	难	难	难	难	难	
铜	难	难	难	难	难	难	难	难	难	难

4.6.2　异种金属材料激光焊接技能训练

1. 异种金属材料激光焊接技能训练工作任务

异种金属材料激光焊接技能训练工作任务是使用选定的激光焊接机将 1 块 20 mm×30 mm×1 mm 的 T1 紫铜片与 1 块 20 mm×30 mm×1 mm 的 3003 铝片重叠焊在一起,紫铜片在铝片上方,焊点 5 个,要求光斑直径在 1.0～1.5 mm 之间,拉力不小于 50 N,外观光亮平整,如图 4-24 所示。

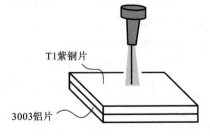

图 4-24　T1 紫铜片和 3003 铝片激光焊接

2. 异种金属材料激光焊接技能训练步骤

（1）制定异种金属材料激光焊接工作计划，填写表4-22。

表4-22　T1紫铜片和3003铝片激光焊接工作计划表

序号	工 作 流 程	主要工作内容	
1	任务准备	材料准备	
		设备准备	
		场地准备	
		资料准备	
2	制定T1紫铜片和3003铝片激光焊接工作计划	1	
		2	
		3	
		4	
3	注意事项		

（2）进行异种金属材料激光焊接实战技能训练，填写工艺参数测试表4-23。

表4-23　T1紫铜片和3003铝片激光焊接工艺参数测试表

T1紫铜片和3003铝片激光焊接工艺参数测试表

测试人员			测试日期	
作业要求	T1紫铜片与3003铝片重叠焊在一起，紫铜片在铝片上方，焊点5个，光斑直径在1.0～1.5 mm之间，拉力不小于50 N，外观光亮平整			
设备参数记录	光纤芯径		扩束镜焦距		聚焦镜焦距	
	峰值功率最大能量		平均功率		吹气方式	

T1紫铜片和3003铝片激光焊接工艺参数测试记录

测试次数	第1次	第2次	第3次	第4次	参数确认
焦距高度					
峰值功率					
脉宽波形					
出光频率					
效果对比					

T1紫铜片和3003铝片激光焊接质量及质量改进措施

焊点尺寸影响	
焊点外观	
重叠率影响	
焊点力学性能影响	
质量改进措施	

（3）进行异种金属材料激光焊接质量检验与评估，填写表 4-24。

表 4-24　T1 紫铜片和 3003 铝片激光焊接质量检验与评估表

工作环节	主要内容	配分	得分
焊前准备 20 分	焊前清理操作正确	5	
	工件装夹正确	5	
	焊接程序正确	10	
工艺参数 30 分	离焦量准确、吹气参数正确	10	
	峰值功率、脉宽波形正确	10	
	焊接速度和出光频率正确	10	
产品质量 40 分	焊点 5 个，外观光亮平整	15	
	光斑直径在 1.0~1.5 mm 之间	10	
	拉力不小于 50 N	15	
现场规范 10 分	人员安全规范	5	
	设备场地安全规范	5	
合计		100	

1. 注重安全意识，严守设备操作规程，不发生各类安全事故。

2. 注重成本意识，保证设备完好无损，尽可能节约训练耗材。

5

激光焊接典型产品知识与实战技能训练

5.1 手机中板激光焊接知识与实战技能训练

5.1.1 手机中板激光焊接信息搜集

1. 手机中板与激光点焊

手机中板是铝合金金属手机外壳的主体,手机中的很多元器件连接、贴附其上。元器件连接、贴附在中板上的方式主要有螺纹连接和点焊焊接。仔细观察又可以发现,用于螺纹连接的螺纹孔是将内螺柱与中板上事先加工好的孔用点焊的方式连接起来形成的,如图 5-1 所示。由此可以看出,手机中板的激光焊接实际上主要是铝合金材料与不同金属材料(其中部分为不锈钢材料和铜材)之间进行激光点焊的典型应用,如图 5-2 所示。

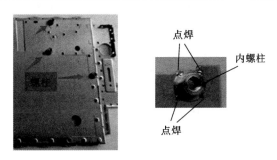

图 5-1 手机中板螺纹连接方式中的螺纹形成

2. 手机中板激光点焊设备选型

用于手机中板激光点焊的设备建议选用振镜式光纤传输脉冲激光焊接机、振镜式连续光纤激光焊接机等设备。振镜式激光焊接机的最大优点是在激光点焊时大大减少了空程定位时间,对于同样的平面焊接,振镜式激光焊接机比二维自动焊接机的效率要高出 5～10 倍,各种成本节省巨大,如图 5-3 所示。

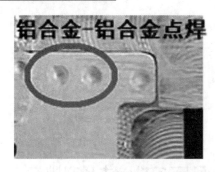
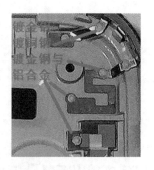

图 5-2 手机中板不同金属材料激光点焊案例

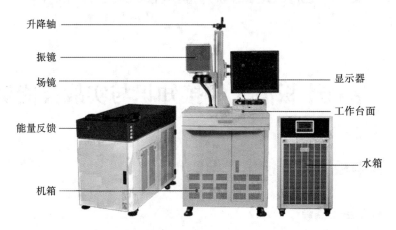

图 5-3 振镜式激光焊接机示意图

值得注意的是,手机中板激光点焊一般需要使用工装夹具来保证加工质量和效率。

3. 手机中板激光点焊工艺参数

铝合金激光焊接的主要缺陷之一是气孔。材料表面状态,保护气体的种类、流量及保护方法,焊接能量和焊缝形状都会影响气孔的产生,选择合适的表面处理措施——彻底清除铝合金表面油污、氧化层,保持干燥,加强气体保护和采用高功率、高速度、大离焦量(负值)焊接时可以降低气孔的产生。

热裂纹也是铝合金材质激光焊接时最常见的缺陷,激光焊接时焊缝细,特别是脉冲激光焊接,总输入能量低,冷却速度快,不易产生液化裂纹。在脉冲点焊时,调节脉冲波形,控制热输入同样可以减少结晶裂纹。而在使用连续光纤激光焊接时,能量的稳定性让热裂纹不明显,大部分铝合金焊接不会脆断,焊后有一定的韧性,优势明显。

图 5-4 手机中板激光焊接实战技能训练任务

4. 手机中板激光焊接实战技能训练任务

手机中板激光焊接实战技能训练的任务是用选定的激光焊接机将内螺柱采用点焊方式焊接在螺柱孔上,每个内螺柱与孔的结合处均匀焊接四个焊点,要求焊点美观,呈银白色,抗扭能力>40 N,并且无虚焊、无焊渣,无变形、无螺柱装反和明显间隙,如图5-4所示。

5.1.2　手机中板激光点焊实战技能训练步骤

（1）制定手机中板激光点焊工作计划，填写表 5-1。

表 5-1　手机中板激光点焊工作计划表

序号	工 作 流 程	主 要 工 作 内 容	
1	任务准备	材料准备	
		设备准备	
		场地准备	
		资料准备	
2	制定手机中板激光点焊工作计划	1	
		2	
		3	
		4	
3	注意事项		

（2）做好手机中板激光点焊焊前准备，填写表 5-2。

表 5-2　手机中板激光点焊焊前准备

序号	作 业 内 容	作 业 要 求	作业记录
1	工件清理及焊接接头装配	用酒精和棉签清理待焊位置，注意工具和待焊工件都要清理；装配内螺柱和手机中板，符合焊接要求	
2	夹具装夹	使用夹具装夹工件，保证工件在焊接过程中接头位置的确定性和焊接过程中接头缝隙等的稳定性	
3	点焊程序编写和调试	CNC 程序调试完成后，焊点位置与实际焊接位置重合	
		CNC 程序调试完成后多次运行正常，满足实际需求	

（3）确定手机中板激光点焊工艺参数，填写工艺参数测试表 5-3。

（4）完成手机中板激光点焊加工过程，填写工作记录表 5-4。

（5）进行手机中板激光点焊加工技能训练过程评估，填写表 5-5。

表 5-3　手机中板激光点焊工艺参数测试表

手机中板激光点焊工艺参数测试表					
测试人员			测试日期		
作业要求	焊点表面光滑，呈银白色，焊点直径小于等于 0.8 mm，抗扭能力超过 40 N				
设备参数记录	光纤芯径		扩束镜焦距		聚焦镜焦距
	峰值功率最大能量		平均功率		吹气方式

手机中板激光点焊工艺参数测试记录

测试次数	第 1 次	第 2 次	第 3 次	第 4 次	参数确认
焦距高度					
峰值功率					
脉宽波形					
效果对比					

手机中板激光点焊质量及质量改进措施

焊点尺寸影响	
焊点外观影响	
焊点力学性能影响	
质量改进措施	

表 5-4　手机中板激光点焊工作记录表

加工步骤	工 作 内 容	工 作 记 录
定位编程	手机中板装夹固定	
	设置离焦量	
	编写焊接程序并空走检查	
焊接加工	设置其他焊接工艺参数	
	焊接加工	
焊后检测	根据各项性能指标检测焊后工件是否达标	

表 5-5　手机中板激光点焊加工技能训练过程评估表

工作环节	主 要 内 容	配 分	得 分
焊前准备 20 分	焊前清理操作正确	5	
	工件装配正确	5	
	夹具使用正确	5	
	焊接程序正确	5	
工艺参数 40 分	焦距准确	10	
	峰值功率正确	10	
	脉宽波形正确	10	
	吹气参数正确	10	
产品质量 30 分	焊点表面光滑，呈银白色	10	
	焊点直径小于等于 0.8 mm	10	
	抗拉能力超过 40 N	10	

工作环节	主　要　内　容	配　分	得　分
现场规范 10分	人员安全规范	5	
	设备场地安全规范	5	
合计		100	

1. 注重安全意识,严守设备操作规程,不发生各类安全事故。
2. 注重成本意识,保证设备完好无损,尽可能节约训练耗材。

5.2　电池外壳激光焊接知识与实战技能训练

5.2.1　电池外壳激光焊接信息搜集

1. 电池外壳激光焊接

电池外壳焊接是激光焊接技术的典型应用之一,如图 5-5 所示。

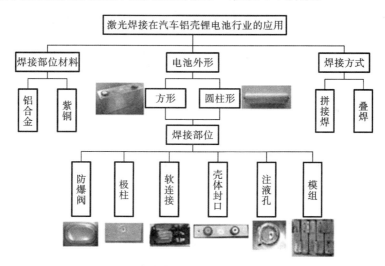

图 5-5　电池激光焊接典型应用示意图

无论是那种类型的电池,电池外壳都是由顶盖和壳体两部分组成,通过激光焊接形成一个密闭的腔体,电池顶盖上还有电极、防爆膜片等零件,也是通过激光焊接连接在一起的。电池外壳激光焊接实际上是铝合金、不锈钢及铜合金等同种或异种金属材料之间进行腔体类零件激光缝焊的典型应用,如图 5-6 所示。

与非腔体类零件焊接相比,腔体类零件激光焊接除了必须保证焊缝的焊接强度、焊缝平整美观外,还应进行气密性实验,以确认腔体焊缝的致密性。

工程中气密性实验常用方法是在焊缝周围涂抹肥皂水,通入规定工作压力的压缩空气,如果焊接接头有气密性缺陷时就会有肥皂水气泡,这种检验方法类似于检查轮胎漏气。

2．电池外壳激光焊接设备选型

电池外壳，特别是铝合金材质的电池外壳激光焊接需要较高功率的激光焊接设备，建议采用全自动上下料装置加氮气保护装置，以得到高效、稳定的焊接效果。

具体选型方式请参考第 4 章铝合金材料激光焊接一节。

3．电池外壳激光焊接工艺参数

电池外壳激光焊接工艺参数选择请参考本章第一节相关内容。

4．电池外壳激光焊接实战技能训练任务

电池外壳激光焊接实战技能训练的任务是用选定的激光焊接机将铝合金或不锈钢电池顶盖与壳体用对焊的方式焊接起来，要求焊缝外观良好，呈银白色，在 0.2 MPa 气体压力下密封不漏气，如图 5-7 所示。焊接前，请先确认顶盖上的电极和防爆膜片已焊接完成且质量良好。

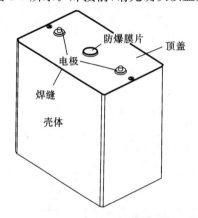

图 5-6　电池外壳激光焊接示意图

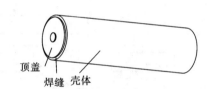

图 5-7　电池外壳激光焊接

5.2.2　电池外壳激光焊接实战技能训练步骤

（1）制定电池外壳激光焊接工作计划，填写表 5-6。

表 5-6　电池外壳激光焊接工作计划表

序号	工 作 流 程	主 要 工 作 内 容	
1	任务准备	材料准备	
		设备准备	
		场地准备	
		资料准备	
2	制定电池外壳激光焊接工作计划	1	
		2	
		3	
		4	
3	注意事项		

（2）电池外壳激光焊接的焊前准备，填写表 5-7。

表 5-7 电池外壳激光焊接焊前准备

序号	作业内容	作业要求	作业记录
1	工件清理及焊接接头装配	用酒精和棉签清理待焊位置，注意工具和待焊工件都要清理	
2	夹具装夹	使用夹具装夹工件，保证工件在焊接过程中接头位置的确定性和焊接过程中接头缝隙等的稳定性	
3	焊接程序编写和调试	CNC 程序调试完成后，焊点位置与实际焊接位置重合	
		CNC 程序调试完成后多次运行正常，满足实际需求	

（3）确定电池外壳激光焊接工艺参数，填写工艺参数测试表 5-8。

表 5-8 电池外壳激光焊接工艺参数测试表

电池外壳激光焊接工艺参数测试表

测试人员			测试日期	
作业要求	外观良好，呈银白色，在 0.2 MPa 气体压力下密封不漏气			
设备参数记录	光纤芯径		准直镜焦距		聚焦镜焦距	
	峰值功率最大能量	平均功率		吹气方式	

电池外壳激光焊接工艺参数测试记录

测试次数	第 1 次	第 2 次	第 3 次	第 4 次	参数确认
焦距高度					
峰值功率					
脉宽波形					
效果对比					

电池外壳激光焊接质量及质量改进措施

焊缝外观影响	
焊缝密封性影响	
质量改进措施	

（4）完成电池外壳激光焊接过程，填写工作记录表 5-9。

表 5-9 电池外壳激光焊接工作记录表

加工步骤	工作内容	工作记录
定位编程	电池外壳装夹固定	
	设置离焦量	
	编写焊接程序并空走检查	
焊接加工	设置其他焊接工艺参数	
	焊接加工	
焊后检测	根据性能指标检测焊后工件是否达标	

（5）进行电池外壳激光焊接加工技能训练过程评估，填写表 5-10。

表 5-10　电池外壳激光焊接技能训练过程评估表

工作环节	主要内容	配　分	得　分
焊前准备 20 分	焊前清理操作正确	5	
	工件装配正确	5	
	夹具使用正确	5	
	焊接程序正确	5	
工艺参数 40 分	焦距准确	10	
	峰值功率正确	10	
	脉宽波形正确	10	
	吹气参数正确	10	
产品质量 30 分	焊点表面光滑，呈银白色	10	
	在 0.2 MPa 气体压力下密封不漏气	20	
现场规范 10 分	人员安全规范	5	
	设备场地安全规范	5	
合计		100	

1. 注重安全意识，严守设备操作规程，不发生各类安全事故。
2. 注重成本意识，保证设备完好无损，尽可能节约训练耗材。

5.3　眼镜架激光焊接知识与实战技能训练

5.3.1　眼镜架激光焊接信息搜集

1. 眼镜架与激光焊接

眼镜架主要起到支撑眼镜片的作用，还可起到美观的作用。金属眼镜架通常由镜圈、鼻托、桩头和镜脚等构件焊接而成，如镜脚和镜圈焊接、鼻托和镜圈焊接等，如图 5-8 所示。眼镜架构件精细，对焊接工艺要求高，激光焊接有其独特优势。

金属眼镜架材料主要有铜合金、镍合金和贵金属三大类，常用材料主要有白铜（铜锌合金）、高镍合金、纯钛、记忆钛合金、β-钛合金、包金、K 金等，由此可以看出，眼镜架激光焊接实际上主要是有色金属同种材料之间激光缝焊的典型应用，其中钛制金属眼镜架占有主导地位。

在眼镜行业里，纯钛镜架是指用 a 钛材做成的镜架。β 钛镜架比纯钛和其他钛合金镜架

镜脚与镜圈

鼻托和镜圈

图 5-8　金属眼镜架激光焊接构件

的强度、耐腐蚀性能及形状可塑性更好，可以获得更多的造形和款式，价格高于纯钛眼镜。其他钛合金材料价格相对较为便宜。

2. 眼镜架激光焊接设备选型

激光焊接金属眼镜架的设备和方法与眼镜架本身的材料有很大的关系，主要有如下种类。

1）激光点焊机

激光点焊机可以用来焊接大部分金属眼镜架，能适应各种焊接要求和不同形状眼镜架。

2）自动激光焊接机

自动激光焊接机配合相应眼镜架夹具可以满足大批量生产要求。

自动激光焊接机又有硬光路（YAG 固体激光器）和软光路（光纤传输激光焊接机）之分，光纤传输激光焊接机的输出相对灵活，可实现激光束的时间分光和能量分光，能进行多光束同时加工，为更精密的焊接提供了条件，当然价格也更贵。

3. 眼镜架激光焊接工艺参数

眼镜架激光焊接工艺参数选择与材料密切相关，请参考第 4 章关于不同材料激光焊接相关内容。值得注意的是，在焊接眼镜架时需要真空或者惰性气体保护。

4. 眼镜架激光焊接实战技能训练任务

眼镜架激光焊接实战技能训练的任务是用选定的激光焊接机将钛合金（也可以是其他材料）眼镜框与眼镜圈焊接起来，要求焊后外观良好、无气泡、砂眼，焊缝呈银白色，并测试眼镜架从 2 m 高度自由落体 50 次不断裂，如图 5-9 所示。

焊缝　镜框

镜圈

图 5-9　眼镜架激光焊接

5.3.2　钛合金眼镜架激光焊接实战技能训练步骤

（1）制定钛合金眼镜架激光焊接工作计划，填写表 5-11。

表 5-11   钛合金眼镜架激光焊接工作计划表

序号	工作流程	主要工作内容	
1	任务准备	材料准备	
		设备准备	
		场地准备	
		资料准备	
2	制定钛合金眼镜架激光焊接工作计划	1	
		2	
		3	
		4	
3	注意事项		

（2）钛合金眼镜架激光焊接焊前准备，填写表 5-12。

表 5-12   钛合金眼镜架激光焊接焊前准备

序号	作业内容	作业要求	作业记录
1	工件清理及焊接接头装配	用酒精和棉棒清理待焊位置，注意工具和待焊工件都要清理；装配镜框和绕圈，符合焊接要求	
2	夹具装夹	使用定制夹具装夹工件，保证工件在焊接过程中接头位置的确定性和焊接过程中接头缝隙等的稳定性	
3	焊接程序编写和调试	程序调试完成后，焊点位置与实际焊接位置重合	
		程序调试完成后，多次运行正常，满足实际需求	

（3）确定钛合金眼镜架激光焊接工艺参数，填写钛合金眼镜架激光焊接工艺参数测试表 5-13。

表 5-13   钛合金眼镜架激光焊接工艺参数测试表

钛合金眼镜架激光焊接工艺参数测试表					
测试人员			测试日期		
作业要求	焊缝无气泡、砂眼、呈银白色，2 m 高度自由落体 50 次不断裂				
设备参数记录	光纤芯径		准直镜焦距		聚焦镜焦距
	峰值功率最大能量		平均功率		吹气方式

钛合金眼镜架激光焊接工艺参数测试记录					
测试次数	第 1 次	第 2 次	第 3 次	第 4 次	参数确认
焦距高度					
峰值功率					

续表

脉宽波形					
焊接速度					
出光频率					
效果对比					

钛合金眼镜架激光焊接质量及质量改进措施

焊缝外观影响	
焊缝抗冲击能力影响	
质量改进措施	

（4）完成钛合金眼镜架激光焊接加工制作过程，填写工作记录表 5-14。

表 5-14　钛合金眼镜架激光焊接工作记录表

加工步骤	工 作 内 容	工 作 记 录
定位编程	绕圈与镜框之间装夹固定	
	设置离焦量	
	编写焊接程序并空走检查	
焊接加工	设置其他焊接工艺参数	
	焊接加工	
焊后检测	根据各项性能指标检测焊后工件是否达标	

（5）进行钛合金眼镜架激光焊接加工技能训练过程评估，填写表 5-15。

表 5-15　钛合金眼镜架激光焊接加工技能训练过程评估表

工作环节	主 要 内 容	配　分	得　分
焊前准备 20分	焊前清理操作正确	5	
	工件装配正确	5	
	夹具使用正确	5	
	焊接程序正确	5	
工艺参数 40分	焦距准确	5	
	峰值功率、脉宽波形正确	15	
	焊接速度和出光频率正确	10	
	吹气参数正确	10	
产品质量 30分	焊缝表面无气泡、砂眼，焊缝银白色	15	
	2 m 高度自由落体 50 次不断裂	15	

续表

工作环节	主 要 内 容	配 分	得 分
现场规范 10分	人员安全规范	5	
	设备场地安全规范	5	
合计		100	

1. 注重安全意识,严守设备操作规程,不发生各类安全事故。
2. 注重成本意识,保证设备完好无损,尽可能节约训练耗材。

5.4 模具修补激光焊接知识与实战技能训练

5.4.1 模具修补激光焊接信息搜集

1. 模具修补与激光焊接

模具在生产和使用过程中会出现一系列缺陷,如沙眼、气孔、裂纹、缺损和划痕等。激光焊接在修补模具小面积裂痕、崩角、飞边、磨损、复杂角度的沙眼、气孔等缺陷时能显示出不可替代的优势,如图 5-10 所示。

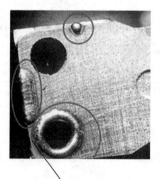 

模具修补位置　　　　　　　　　　　　　模具修补位置

图 5-10　模具修补激光焊接位置示意图

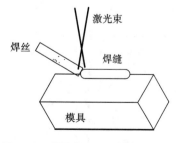

图 5-11　模具修补激光焊接示意图

与一般激光焊接方式不同,模具修补激光焊接是通过激光将专用激光焊丝熔到模具的破损部位并与原有模具基材牢固熔接,在焊接后再通过磨削加工使之成光面以实现模具的补修,如图 5-11 所示。

2. 模具修补激光焊丝分类和选用

1) 模具修补激光焊接的焊丝分类

模具修补激光焊接的焊丝材料可分为以下几种。

（1）不锈钢焊丝特点如下。

优点：价格便宜。

缺点：硬度低，焊斑明显。

用途：主要用于培训和练习。

（2）模具母材拉丝或氩焊丝特点如下。

此类焊丝在焊接前跟母材的性能比较接近，但在经过激光高能量熔融、又在空气中冷却固化后，焊接位的金相结构跟模具母材的金相结构不一致。

优点：价格便宜，品种多（生产商有中国和中国台湾地区，韩国和日本）

缺点：熔融性不好，焊斑明显，容易出现砂眼裂痕等不良品质。

用途：用于品质要求不高的模具修补。

（3）激光焊模专用焊丝特点如下。

此类焊丝是根据激光焊接特性采用多种金属专门配制的，经过激光熔融再自然冷却固化后，焊接位置在焊接后的金相结构跟模具母材的金相结构一致，使用性能基本一致。

优点：熔融性好，焊斑不明显，不容易出现沙眼、裂痕等不良品质。

缺点：品牌少，目前只有德国的三至五家生产商可以制造。

用途：用于品质要求高的模具修补。

2）模具修补激光焊接用焊丝的选用

德国品牌模具修补激光焊接用焊丝主要有 OR-LASER，DSI，QUADE 等。

DSI 焊丝：是德国宝马汽车公司认可的模具修复外协加工商，在全球激光焊模行业的发展中有很大的影响力。

QUADE 焊丝：德国 QUADE 公司生产的 QUADE 模具修补激光焊接用焊丝产品系列有 36 种合金成分，直径在 0.2～0.8 mm 之间，可卷绕供货，也可切段供货，切段段长为 333 mm。广泛应用于医疗器械、传感器制造、精密仪器、微电子、航天工业、测量仪表和精密机床制造等行业。

OR-LASER 焊丝：表 5-16 所示的是 OR-LASER 公司生产的模具修补激光焊接用焊丝产品的主要型号和适用范围。

表 5-16　OR-LASER 焊丝产品主要型号和适用范围

型号	适 用 范 围	硬度（HRC）
Laser Mold 10	用于切削、拉深及弯曲的工具钢，如 1.2379、SKD11、8407、HPM31、GGG70L、GG25 等材料，保证锋边、刃口的高稳定性	55～60
Laser Mold 15	用于切削、拉深以及弯曲的工具钢中，如 1.2379，适用于手工件模具经受撕裂磨损、重负荷的场合	58～60
Laser Mold 20	用于拉深、弯曲以及可塑性好的工具钢中，焊接后具有高可塑性，故可以避免焊料的磨损和破裂	40～45
Laser Mold 50	常用于注塑模具，如 1.2767、718、SKD61、P20 型号的钢材	50～58
Laser Mold 55	复合型焊丝材料，可以同时用于冷、热工具钢中，如 1.2343、1.2344、1.2767、S55C、SKD61、KP4M 等高性能的钢材，也可用于修补压铝模具以及铸铝模具，焊接牢固，可进行大面积焊接	40～45

型号	适　用　范　围	硬度(HRC)
Laser Mold 60	用于无裂缝工件,例如可以在热工具钢焊接,焊接硬度比较低	35~40
Laser Mold 65	具备较高韧性,特别适用于焊接热工作钢,如1.2343,1.2344,焊接后的区域不易磨损	45
Laser Mold 70/12	用于压铸模具修补,具有较高的焊接硬度和良好的堆焊性能	40~50
Laser Mold 90	用于压注模具中,如:HPM50,1.2311,1.2738,S136	45

因为模具修补激光焊接用焊丝是合金材料,存放不好还有可能生锈。有些模具修补激光焊接用焊丝在表面镀有一层很薄的防锈物质,但镀的防锈层不能太厚,否则会影响焊接品质,防锈层在焊接过程中相当于杂质。模具修补焊丝要用密封袋包装,内放防潮珠,存放在干燥的环境中。假如生锈,只要用砂纸把表面锈层打磨至光亮就不会影响焊接品质。

3. 模具修补激光焊接设备结构

模具修补激光焊接设备结构与常规激光焊接机没有本质不同,如图 5-12(a)所示。

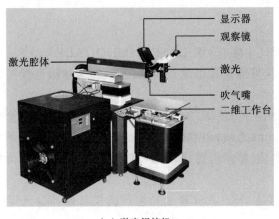

（a）激光焊接机　　　　　　　　　　　　　（b）目镜

图 5-12　激光模具修补焊接设备结构示意图

为了方便观察工件,模具修补激光焊接设备配有双筒观察显微镜,使用时应先将观察显微镜的 2 个目镜筒调在同一个高度,并使工件在显微镜中处于最清晰状态。在使用显微镜时要用 2 只眼睛同时观察工件,眼睛离目镜保持 5~10 mm 距离,如图 5-12(b)所示。

4. 模具修补激光焊接设备工艺参数

模具修补激光焊接机的主要参数有激光能量大小、光斑直径、脉冲宽度、工作频率等,具有调节脉冲波形的设备还可以满足焊接不同材料的要求。

上述工艺参数选择请参考本书第 4 章相关内容。

5. 模具修补激光焊接实战技能训练任务

模具修补激光焊接实战技能训练的任务是用选定的激光焊接机将不锈钢焊丝熔融在机

械性能对应的模具材料上，使得熔融焊缝的机械性能与被焊模具材料基本一致，主要指标不低于被焊模具材料的 80%，要求焊点美观，无气孔及裂纹产生，如图 5-13 所示。

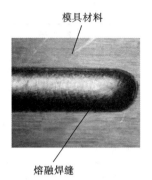

图 5-13 模具修补激光焊接

5.4.2 激光模具修补焊接实战技能训练步骤

（1）制定模具修补激光焊接工作计划，填写表 5-17。

（2）模具修补激光焊接焊前准备，填写表 5-18。

（3）确定模具修补激光焊接工艺参数，填写工艺参数测试表 5-19。

表 5-17 模具修补激光焊接工作计划表

序号	工 作 流 程	主 要 工 作 内 容	
1	任务准备	材料准备	
		设备准备	
		场地准备	
		资料准备	
2	制定模具修补激光焊接工作计划	1	
		2	
		3	
		4	
3	注意事项		

表 5-18 模具修补激光焊接焊前准备

序号	作 业 内 容	作 业 要 求	作业记录
1	工件清理	用酒精和棉签清理待焊位置，注意工具和待焊工件都要清理	
2	选择焊丝	根据所焊模具材料选择不锈钢焊丝型号	
3	焊接程序编写和调试	程序调试完成后，焊点位置与实际焊接位置重合	
		程序调试完成后，多次运行正常，满足实际需求	

表 5-19 模具修补激光焊接工艺参数测试表

模具修补激光焊接工艺参数测试表			
测试人员		测试日期	
作业要求	熔融焊缝的硬度不低于被焊模具材料的 80%，焊缝无气孔及裂纹产生		

续表

设备参数记录	光纤芯径		扩束镜焦距		聚焦镜焦距	
	峰值功率最大能量		平均功率		吹气方式	

模具修补激光焊接工艺参数测试记录

测试次数	第1次	第2次	第3次	第4次	参数确认
焦距高度					
峰值功率					
脉宽波形					
效果对比					

模具修补激光焊接质量及质量改进措施

焊缝外观影响	
焊缝硬度影响	
焊缝抗冲击能力影响	
焊缝其他影响	
质量改进措施	

（4）完成模具修补激光焊接加工过程，填写工作记录表5-20。

表5-20　模具修补激光焊接工作记录表

加工步骤	工 作 内 容	工 作 记 录
定位编程	设置离焦量	
	编写焊接程序并空走检查	
焊接加工	设置其他焊接工艺参数	
	焊接加工	
焊后检测	根据各项性能指标检测焊后工件是否达标	

（5）进行模具修补激光焊接技能训练过程评估，填写表5-21。

表5-21　模具修补激光焊接加工技能训练过程评估表

工作环节	主 要 内 容	配 分	得 分
焊前准备20分	焊前清理操作正确	10	
	焊接程序正确	10	
工艺参数40分	焦距准确	10	
	峰值功率正确	10	
	脉宽波形正确	10	
	吹气参数正确	10	

工作环节	主 要 内 容	配 分	得 分
产品质量 30分	焊点表面光滑、无气孔	10	
	焊缝硬度不低于被焊模具材料的80%	20	
现场规范 10分	人员安全规范	5	
	设备场地安全规范	5	
合计		100	

1. 注重安全意识,严守设备操作规程,不发生各类安全事故。
2. 注重成本意识,保证设备完好无损,尽可能节约训练耗材。

参 考 文 献

[1] 张冬云.激光先进制造基础实验[M].北京:北京工业大学出版社,2014.

[2] 王宗杰.熔焊方法与设备[M].北京:机械工业出版社,2006.

[3] 金冈夏.图解激光加工实用技术:加工操作要领与问题解决方案[M].北京:冶金工业出版社,2013.

[4] 史玉升.激光制造技术[M].北京:机械工作出版社,2011.

[5] 郭天太,陈爱军,沈小燕,等.光电检测技术[M].武汉:华中科技大学出版社,2012.

[6] 刘波,徐永红.激光加工设备理实一体化教程[M].武汉:华中科技大学出版社,2016.

[7] 徐永红,王秀军.激光加工实训技能指导理实一体化教程[M].武汉:华中科技大学出版社,2014.

[8] 何勇,王生泽.光电传感器及其应用[M].北京:化学工业出版社,2004.

[9] 李旭.光电检测技术[M].北京:科学出版社,2005.

[10] 若木守明.光学材料手册[M].周海宪,程云芳,译.北京:化学工业出版社,2010.